U0226400

漳州古城

保护与开发研究

李艺玲◎著

经济管理出版社
ECONOMY & MANAGEMENT PUBLISHING HOUSE

图书在版编目（CIP）数据

漳州古城保护与开发研究/李艺玲著. —北京：经济管理出版社，2016.11
ISBN 978-7-5096-4630-4

Ⅰ.①漳…　Ⅱ.①李…　Ⅲ.①古城—保护—研究—漳州　Ⅳ.①TU984.257.3

中国版本图书馆 CIP 数据核字（2016）第 237848 号

组稿编辑：申桂萍
责任编辑：侯春霞
责任印制：黄章平
责任校对：超　凡

出版发行：经济管理出版社
　　　　　（北京市海淀区北蜂窝 8 号中雅大厦 A 座 11 层　100038）
网　　　址：www. E-mp. com. cn
电　　　话：(010) 51915602
印　　　刷：北京九州迅驰传媒文化有限公司
经　　　销：新华书店
开　　　本：720mm×1000mm/16
印　　　张：15
字　　　数：252 千字
版　　　次：2016 年 11 月第 1 版　2016 年 11 月第 1 次印刷
书　　　号：ISBN 978-7-5096-4630-4
定　　　价：58.00 元

序

　　城市是社会文明的集中体现，历史古城以其深厚的历史渊源，反映了社会发展的脉络，是人类的宝贵财富。我国有着五千年的悠久历史和灿烂文化，在广阔疆域内，留下了许多历史古城，它们是一部部鲜活的史书，承担着向后人诉说历史的重任。在当前工业化、现代化、城市化快速发展的时代，维护城市历史文化的延续，承接城市历史发展的脉络，架构"城市精神"，体现城市魅力，是人类发展、城市进步的必由之路。

　　漳州市是国务院批准的第二批国家级历史文化名城，历史悠久，人文鼎盛，素有"海滨邹鲁"之称。古城是漳州最有价值的核心区，是历史建筑、传统文化集中的老城区，同时也是全国第一个国家级文化生态保护区——闽南文化生态保护实验区的重要组成部分，"老街情、慢生活、闽南味、民国风、台侨缘"五大特色非常鲜明，文化旅游资源十分丰富。保护和开发漳州古城，对于传承历史文脉，提升城市价值，建设更加宜居宜业宜商宜游的文明城市，进一步增强漳州城市综合竞争力和吸引力，都具有重要的意义。

　　2016年是漳州历史文化名城获评30周年，然而遗憾的是，尽管国内外有关古城的著述连篇累牍，却还没有一部专著对漳州古城的保护与开发进行全景式的探讨。李艺玲的《漳州古城保护与开发研究》填补了这一学术空白，尝试对漳州古城进行全方位研究，提出了一系列适应当前古城发展的保护思想、策略、方法，为漳州古城乃至国内其他类似古城的保护提供了有益借鉴。本书至少在以下几个方面给我留下了深刻印象：

（1）理论基础扎实。漳州古城在长期保护与开发过程中比较缺乏更为整体的理论指导。本书系统论述了可持续发展、文化生态学、有机更新三种新颖实用的古城研究通用理论，使古城保护有章可循，有据可依，为古城保护与开发提供具有指导作用的理论依据。

（2）资料收集全面。本书在调研大量原始资料的前提下，对漳州古城历史、古城格局、山川形胜、文化价值做了系统、动态的研究，在此基础上探讨保护与开发古城应采取的措施就更有针对性和科学性。

（3）案例分析到位。本书选取巴黎、京都、苏州、丽江、平遥等国内外五个古城保护与开发经典案例，深入探讨古城复兴的成功之路，为漳州古城的保护与开发提供参考和借鉴。

（4）发展思路科学。本书提出漳州古城的保护与开发应以"科学规划、综合保护、有机更新"为指导思想，按照"政府主导、居民参与、实体运作、渐进改善"的思路开展工作。从论证目标、整体保护、分类引导、功能布局、文化挖掘、风貌维护六个方面入手，提出古城保护的实施对策；从技术、法制、机制、社会、经济五个方面入手，构建了完整的古城保护与开发保障体系。

漳州作为一个保存相对完整的古城，面临新一轮城市大规模现代化建设的考验，如何在理论层面上判定其客观发展方向，如何在实践层面上探索可行的更新方法，在保护与发展之间寻找一个平衡点，是本书研究的关键问题。李艺玲作为一位长期执着于古城研究的全国模范教师，在这本书中提出了自己的独到见解，其字里行间饱含着强烈的历史使命感和社会责任感，值得肯定。真诚希望更多有识之士积极参与到古城保护这一功在当代、利在千秋的伟大事业中来，共同推动古城保护与开发的理论创新、实践创新，共同谱写古城留芳千古、永续发展的新篇章！

（厦门大学建筑与土木工程学院教授，
中国建筑学会民居建筑学术委员会副会长）

目录

第一章　古城概论 / 001

　　第一节　古城相关概念界定 / 002

　　第二节　国外古城保护与开发研究综述 / 009

　　第三节　国内古城研究综述 / 016

　　第四节　古城保护与开发相关理论 / 023

第二章　国内外著名古城保护与开发 / 033

　　第一节　巴黎——护古维新，全球典范 / 033

　　第二节　京都——古风古韵，留文留魂 / 039

　　第三节　苏州——规划引领，整体保护 / 042

　　第四节　丽江——文化搭台，旅游唱戏 / 051

　　第五节　平遥——保护旧城，另辟新城 / 058

第三章　漳州古城历史沿革与传统格局 / 065

　　第一节　城市历史沿革 / 065

　　第二节　城址兴废变迁 / 069

　　第三节　古城格局 / 075

　　第四节　古城轴线 / 086

　　第五节　古城八景 / 092

第四章　漳州古城价值与特色 / 101

　　第一节　格局完整、型制独特的千年古城 / 101

　　第二节　博采众长、独具特色的建筑奇葩 / 102

　　第三节　遗存众多、弥足珍贵的历史记忆 / 105

　　第四节　源远流长、独树一帜的文化核心 / 116

第五节　商贾云集、声名远扬的海丝锚地 / 122

第六节　文风昌盛、人才辈出的海滨邹鲁 / 124

第七节　一脉相承、地位显要的台侨祖地 / 131

第五章　漳州古城保护与开发回顾 / 135

第一节　绩效——修旧如旧，焕发活力 / 135

第二节　问题——风貌渐失，设施落后 / 143

第三节　机遇——政策助推，文化强市 / 148

第六章　漳州古城保护与开发总体策略 / 153

第一节　指导思想及基本原则 / 153

第二节　保护与开发重点内容 / 156

第三节　保护与开发思路 / 164

第四节　示范片更新发展路径 / 190

第五节　古城旅游策划 / 204

第七章　漳州古城保护与开发保障措施 / 211

第一节　技术保障 / 211

第二节　法制保障 / 216

第三节　机制保障 / 218

第四节　社会保障 / 220

第五节　经济保障 / 223

参考文献 / 225

后　　记 / 231

第一章
古城概论

    城市是人类走向成熟和文明的标志，也是人类群居生活的高级形式。城市是"城"与"市"的组合词。"城"主要是为了防卫，并且用城墙等围起来的地域。"市"则是指进行交易的场所。城市的起源从根本上来说，有因"城"而"市"和因"市"而"城"两种类型。因"城"而"市"就是城市的形成先有城后有市，市是在城的基础上发展起来的，这种类型的城市多见于战略要地和边疆城市，如天津起源于天津卫，卫是明朝的一种军事建制，明朝在全国各军事要地设立卫所驻军，设卫就要筑城，天津的城市历史由此开始。因"市"而"城"则是由于市的发展而形成的城市，即先有市场后有城市的形成，如扬州地处大运河和长江的汇合处，江南的物产大多在这里集散，到隋唐时期，扬州已经发展成为全国最繁华的工商业城市。因"市"而"城"的这类城市比较多见，是人类经济发展到一定阶段的产物，本质上是人类的交易中心和聚集中心。

    城市是一种历史文化现象，每个时代都在城市留下自己的痕迹。特别是历史古城，这些城市大多有悠久的历史，形成了完整的城市格局、人文社会环境和独特的城市历史风貌。古城作为古代物质文化遗存与非物质文化遗产的集聚地，是几千年来人类文明和先进文化的内核和载体，是不可再生、不可复制的历史禀赋、稀有资源和宝贵财富。在新型城镇化发展的进程中，保护和传承古城的历史文化价值，焕发古城活力，提升城市品牌，是我们当代人肩负的历史责任。

第一节　古城相关概念界定

在所能查阅到的国内外文献资料中，与古城相类似的概念有历史文化名城、历史城镇、历史街区等，但这些概念之间还是有区别的，具体界定上没有明确的规定，学术界在使用上也比较混杂，本书开篇首先对这些与古城相关的常用概念做一些区分和诠释，并对本书的研究对象——漳州古城范围进行界定。

一、历史文化名城

历史文化名城概念具有中国特色与实践意义，是我国特有的法定概念。1982年2月，国务院批转国家建委、国家城建总局、国家文物局《关于保护我国历史文化名城请示的通知》，"历史文化名城"的概念被正式提出。

历史文化名城的选定，主要根据它的历史文化、科学研究、保存状况和今后发展等方面的价值进行评估、选择。经政府主管部门，历史、文化、文物考古、城市规划、风景名胜、地理学科技术等有关方面的专家学者、社会人士多次研究、实地考察之后，由国务院公布。

国务院于1982年、1986年和1994年先后公布了三批国家历史文化名城，计99座；此后，分别于2001~2016年相继增补31座，共计129座国家级历史文化名城（琼山市已并入海口市，两者算一座）。如表1-1~表1-4所示。

表1-1　第一批24座国家历史文化名城（于1982年2月8日公布）

1. 北京	7. 杭州	13. 开封	19. 遵义
2. 承德	8. 绍兴	14. 江陵（今荆州）	20. 昆明
3. 大同	9. 泉州	15. 长沙	21. 大理
4. 南京	10. 景德镇	16. 广州	22. 拉萨
5. 苏州	11. 曲阜	17. 桂林	23. 西安
6. 扬州	12. 洛阳	18. 成都	24. 延安

表 1-2 第二批 38 座国家历史文化名城（于 1986 年 12 月 8 日公布）

1. 天津	11. 阆中	21. 敦煌	31. 淮安
2. 保定	12. 宜宾	22. 银川	32. 宁波
3. 济南	13. 自贡	23. 喀什	33. 歙县
4. 安阳	14. 镇远	24. 呼和浩特	34. 寿县
5. 南阳	15. 丽江	25. 上海	35. 亳州
6. 商丘	16. 日喀则（今桑珠孜区）	26. 徐州	36. 福州
7. 武汉	17. 韩城	27. 平遥	37. 漳州
8. 襄樊（今襄阳）	18. 榆林	28. 沈阳	38. 南昌
9. 潮州	19. 武威	29. 镇江	
10. 重庆	20. 张掖	30. 常熟	

表 1-3 第三批 37 座国家历史文化名城（于 1994 年 1 月 4 日公布）

1. 正定	11. 长汀	21. 岳阳	31. 建水
2. 邯郸	12. 赣州	22. 肇庆	32. 巍山
3. 新绛	13. 青岛	23. 佛山	33. 江孜
4. 代县	14. 聊城	24. 梅州	34. 咸阳
5. 祁县	15. 邹城	25. 海康（今雷州）	35. 汉中
6. 哈尔滨	16. 临淄	26. 柳州	36. 天水
7. 吉林	17. 郑州	27. 琼山	37. 铜仁
8. 集安	18. 浚县	28. 乐山	
9. 衢州	19. 随州	29. 都江堰	
10. 临海	20. 钟祥	30. 泸州	

表 1-4 "前三批"之后的不定期增补（31 座）

1. 山海关（2001 年 8 月）	9. 吐鲁番（2007 年 4 月）	17. 中山（2011 年 3 月）	25. 青州（2013 年 11 月）
2. 凤凰（2001 年 12 月）	10. 特克斯（2007 年 5 月）	18. 蓬莱（2011 年 5 月）	26. 湖州（2014 年 7 月）
3. 濮阳（2004 年 10 月）	11. 无锡（2007 年 9 月）	19. 会理（2011 年 11 月）	27. 齐齐哈尔（2014 年 8 月）
4. 安庆（2005 年 4 月）	12. 南通（2009 年 1 月）	20. 库车（2012 年 3 月）	28. 常州（2015 年 6 月）
5. 泰安（2007 年 3 月）	13. 北海（2010 年 11 月）	21. 伊宁（2012 年 6 月）	29. 瑞金（2015 年 8 月）
6. 海口（2007 年 3 月）	14. 宜兴（2011 年 1 月）	22. 泰州（2013 年 2 月）	30. 惠州（2015 年 10 月）
7. 金华（2007 年 3 月）	15. 嘉兴（2011 年 1 月）	23. 会泽（2013 年 5 月）	31. 温州（2016 年 5 月）
8. 绩溪（2007 年 3 月）	16. 太原（2011 年 3 月）	24. 烟台（2013 年 7 月）	

　　国家历史文化名城地域分布广泛，规模大、中、小皆有，直辖市、省辖市、县级城市皆备，可谓形态面貌不同，风格气质特殊，很难一言以蔽之。但历史文化名城是在特定的环境和条件下形成和发展起来的，有着自己特殊的发展规律和

内涵，所以在总体上仍表现出一些共性特征。

（一）历史性

历史悠久是历史文化名城的基本特征。中国城市起源很早，自殷周以来，城市就一直是统治集团的坚固营垒，是国家或地区的政治、经济、文化中心，这就使得国家级历史文化名城大多具有久远的历史，长达千年者不在少数。洛阳堪称历史最为悠久的古城，城市史始于夏末，迄今已有 4000 多年。西安建城史长达 3100 多年，历史上有周、秦、汉、隋、唐等 13 个朝代在此建都，是世界四大文明古都（西安、罗马、开罗、雅典）之一。漳州建城史已有 1330 年，而其辖区开发、历史遗迹存留则可以追溯得更为久远，早在数万年前就有居民在这里繁衍生息。

（二）文化性

这是历史文化名城最深刻的内涵。在历史文化名城的形成和发展过程中，文化是最基本、最重要的方面。人类社会的发展，经济与文化是相互依存、互为条件、共同前进的。城市集中了大量财富和社会的先进生产力，也集中了大批具备较高文化素养的居民。他们在城市传播文化、创造文化，使城市成为文化传播和交流的中心。经过千百年的继承、传播、创新、交流，城市文化沉淀越来越丰厚，逐渐成为一个地区、一个民族乃至一个国家文明程度的标志。例如，北京曾为六朝古都，从燕国起的 2000 多年里，建造了许多宫廷建筑，成为全世界拥有帝王宫殿、园林、庙坛和陵墓最多的城市，如故宫是全世界现存最大的宫殿。南京也是六朝古都，历史上长期是中国南方的政治、经济、文化中心，留下了古城墙、明孝陵、中山陵、夫子庙、秦淮河等大批历史文化遗存，表现出显著的古都特色。漳州是闽南文化发祥地，在长期发展中又吸纳了中原文化、海丝文化、台湾文化，形成了兼容并蓄、开放包容的文化区域，可谓独树一帜。

（三）环境性

古代城市建设极为重视选址，强调"凡建邑，必依山川而相其土泉"，把城市建在风光秀丽、山水环抱、宜居宜业的地方，历史文化名城都是建造在江河山川优美的环境之中。中国建筑追求人与自然的和谐相处，名胜古迹、特色的乡土建筑与大好山河融为一体而形成了中华民族特殊的"天人合一"的历史文化环境。如杭州西湖东南、西南、西北三面环山，东北开阔的平原为杭州市区构成了"三面云山一面城"的独特自然景色，城与西湖之间的尺寸连接非常和谐。隋唐洛阳城北依邙山，面对伊阙（龙门），洛水贯穿其间，其轴线建筑是世界历史上最恢宏的建筑群之一，将规划设计完美地和山川地貌结合在一起，真正达到了天人合一的规划理念。

漳州古城州治选址也极具天人堪舆理念，至今仍保留着唐宋以来"枕三台，襟两河"的自然地貌。即城址北以芝山为依托，天宝山威震于后，前方即南以丹霞、名第山为案山，云洞岩雄踞其左，圆山耸立其右，九龙江北溪、西溪为州址左右秀水襟带，江水缓缓东流，实乃山川形胜佳地。

二、历史城镇

历史城镇是指能体现历史发展过程或某一发展时期风貌的城镇，特指历史范围清楚、格局和风貌保存较为完整的需要保护控制的区域，遗存保留较为丰富，能够比较完整、真实地反映一定历史时期的传统风貌或民族、地方特色。[1] 它既包括历史上具有较大影响、较大规模的都城、府城，也包括规模较小不为人知的集镇、聚落。

历史城镇概念的产生，是历史文化遗产的物质性因素在人们的认识领域得到深化的表现。作为历史文化遗产的一个部分，城镇所包含的历史信息极为丰富，是文化遗产重要的物质载体，它包含了物质形态（自然环境、城镇形态、城镇物质构成）和非物质形态（语言文学、精神文明面貌、城镇社会结构）的历史遗存。[2]

因此，历史城镇必须满足以下四个特征：

（1）发展历史较长，至今仍有人生活，蕴含着传统文化留下的痕迹。

（2）有保存较好的传统建筑群为主体构成的一定规模的地区。

（3）地段或区域的传统物质环境，即原有街巷格局、河道水系、建筑风格等历史肌理保存较完整。

（4）具有较高的历史、情感、艺术等多元价值。

历史城镇的组成如图 1-1 所示。

---

① 中华人民共和国建设部. 历史文化名城保护规范（GB50357-2005）[M]. 北京：中国建筑工业出版社，2005.
② 马菁. 以文化旅游为导向的历史城镇保护与利用研究 [D]. 重庆大学硕士学位论文，2008.

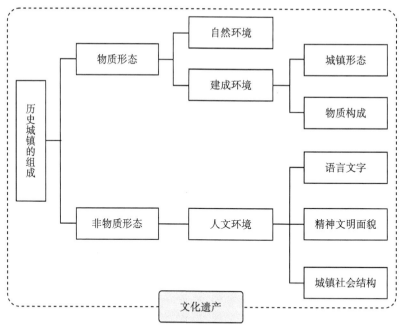

图 1-1　历史城镇的组成

三、历史街区

历史街区的概念是 1933 年由国际现代建筑协会在雅典通过的《雅典宪章》中首次提出的，概念指出"由历史建筑群及历史文化遗址所组成的区域称之为历史街区；对有历史价值的建筑和街区，均应妥为保存，不可加以破坏"。

2002 年 10 月我国修订的《中华人民共和国文物保护法》正式采用了"历史文化街区"这一概念。2008 年 4 月国务院正式颁布的《历史文化名城名镇名村保护条例》对"历史文化街区"的定义是：经省、自治区、直辖市人民政府核定颁布的保护文物特别丰富、历史建筑集中成片、能够较完整和真实地体现传统格局和历史风貌，并具有一定规模的区域。

历史街区在历史文化名城中占有至关重要的地位，是具有丰富的历史文化氛围的场所。一般认为，历史街区具备以下三个基本特征：

（一）风貌的完整性和典型性

完整性。从空间形态上看，历史街区必须是形成了一定规模的片区。只有规模上达到一定程度，城市景观在视野中才能形成基本一致的风貌，才能形成一种环境氛围，进入其中的人才会有归属感。

典型性。构成历史街区的实体应当具有类似的设计、构造、材质及空间组织方式，能够代表城市特色，反映城市历史风貌和当地民风民俗。如漳州台湾路—香港路历史街区占地 26 公顷，规模适中，视野所及范围风貌基本一致。同时，街区较为完整地保留了明清时期的古街格局和民居特色，是闽南传统街区建筑的典型代表作，是明清时期闽南特色文化的历史见证。

（二）遗存的真实性

历史街区应当是历史遗留下来的真实遗迹，承载着真实的历史信息，绝非后人仿古之作。街区内的物质构成（建筑物、构筑物、街巷、古树、河流、外部空间等）都是能够反映历史面貌的客观存在，因经历久远，其中难免有后人加建改建，但大多数与其所在历史街区具有统一的风格。如黄山市屯溪老街包括 1 条直街、3 条横街和 18 条小巷，由不同年代建成的 300 余幢徽派建筑构成整个街巷，呈鱼骨架型分布，是中国保存最完整、最具有南宋和明清建筑风格的古代街市。集中成片存在的徽派建筑历史文化遗存，真实地记载着历史信息，凸显着历史街区的魅力与韵味。

（三）空间的功能性

历史街区具有很强的生命力，它不仅是过去人们生活和居住的场所，而且现在仍然并将继续发挥它的功能，是社会生活中自然而有机的组成部分。因此，历史街区保护应在保存其真实的历史遗存和历史风貌的同时，维持并发展它的使用功能，促进并提高历史街区的活力，适应并满足城市整体发展的需要。如成都宽窄巷子由宽巷子、窄巷子和井巷子三条平行并列的老式街区街道及四合院群落组成，保留着晚清和民国时的格局，是成都的一张文化名片。2007 年起，成都对宽窄巷子进行全新改造，按照"修旧如旧，落架重修"的原则，尽可能保留古建筑，记载城市历史，同时，植入以文化为基石的旅游、商业元素，使老街既有老成都味道，又有新时代气息。2008 年开街第一年，宽窄巷子就吸引了 800 多万游客，老街重新焕发生机。

四、漳州古城

根据上述概念，本书研究对象——漳州古城，从广义上来说是指漳州历史文化名城，包括漳州全域八县一市二区，总面积 12880 平方公里。漳州至今已有 1330 年历史，是一座风景秀丽的花果之城，全国著名的侨乡，台胞主要祖居地之一，素有"海滨邹鲁"之称。1986年，漳州经国务院批准为第二批国家级历史文化名城。从狭义上来说是指漳州历史城区，根据福建省人民政府闽政文〔2014〕311号《关于漳州历史文化名城保护规划（2013~2030年）的批复》，漳州历史城区保护范围为：东至新华南路，南至博爱道，北至新华北路胜利公园北侧、芝山顶偏北，西至芝山西侧、漳州师院和漳州二中两侧之虎文山外，总面积约202.96公顷（如图1-2虚线范围内）。漳州历史城区至今仍然较好地保存着唐宋古城的格局、古色古香的历史风貌和闽台地方建筑特色，是漳州历史文化名城的核心组成部分。

图1-2 漳州古城研究范围

本书所论述的漳州古城，以狭义的范围为主，在历史沿革与传统格局、古城价值与特色等章节中，必要时也从广义的角度加以论述。

第二节　国外古城保护与开发研究综述

　　较之中国传统的木构建筑，欧洲石构建筑更容易保存和流传，但这并不是欧洲对历史文化遗产保护认识和实践的决定性基础，而是由于其相对领先的社会经济发展水平及相对较高的社会教育程度和公民文化意识。[①] 早在 19 世纪中叶，欧洲就系统研究了古城保护和开发。第二次世界大战后，许多历史古城被大规模破坏，社会对古城的保护意识逐步提高，各国纷纷在理论与实践等多重领域展开努力，特别是来自亚洲、拉丁美洲等的多个国家开始积极参与，开创了古城保护理论探寻与实践探索的国际新局面。从历届国际会议的共同约定中我们可以看到国际对古城保护与开发的态度的整体发展历程。

一、《雅典宪章》（1933 年）

　　1933 年 8 月，国际现代建筑协会在希腊雅典召开会议，通过了《雅典宪章》这一里程碑性的文件。

　　《雅典宪章》强调指出，对有历史价值的建筑和街区，均应妥为保存，不可加以破坏。

　　（1）真能代表某一时期的建筑物，可引起普遍兴趣，可以教育人民者。

　　（2）保留其不妨害居民健康者。

　　（3）在所有可能条件下，将所有干路避免穿行古建筑区，并使交通不增加拥挤，亦不使妨碍城市有转机的新发展。

　　《雅典宪章》阐述了保护好代表某一历史时期有价值的历史遗存的意义，初步确定了一些基本原则和具体的保护措施，有力地促进了保护历史遗产这一国际运动的开展。

---

① 周岚. 历史文化名城的保护和整体性创造 ［M］. 北京：科学出版社，2011.

二、《威尼斯宪章》(1964 年)

第二次世界大战后，对于饱受战争摧残的文化遗产如何保护，欧洲各国认识不一，修订一部得到国家和社会认同并遵照执行的科学的文化遗产保护公约势在必行。1964 年 5 月，国际古迹遗址理事会在意大利威尼斯召开会议，通过了《威尼斯宪章》。

《威尼斯宪章》是关于古迹保护的第一个国际宪章，意义重大，影响深远。它阐述了对文物古迹的保护原则和方法，这些原则和方法已成为世界的共识，概括地说有以下几点：

(1) 真实性，要保存历史遗留的原物，修复要以历史真实性和可靠文献为依据，对遗址保护其完整性，用正确的方式清理开放，不应重建。

(2) 不可以假乱真，修补要整体和谐又要有所区别，也称可识别的原则。

(3) 要保护文物古迹在各个时期的叠加物，它们都保存着历史的痕迹，保存了历史的信息。

(4) 连同环境一体保护，古迹的保护包含着它所处的环境，除非有特殊的情况，一般不得迁移。

三、《保护世界文化和自然遗产公约》(1972 年)

1972 年，联合国教科文组织第十七次会议在巴黎召开，通过了《保护世界文化和自然遗产公约》(以下简称《公约》)，主要规定了自然遗产和文化遗产的定义、国家保护和国际保护的措施等。《公约》提出，文化遗产包括三方面内容，即文物 (Monuments)、建筑群 (Groups of Buildings) 和遗址 (Sites)，使保护的对象范围更为准确，同时规定"各缔约国可自行确定本国领土内的文化和自然遗产，并向世界遗产委员会递交其遗产清单，由世界遗产大会审核和批准。凡是被列入世界文化和自然遗产的地点，都由其所在国家依法严格予以保护"。

《公约》自 1975 年起生效，迄今已经有超过 180 个国家和地区加入，是目前加入缔约国最多的国际公约之一。它的通过标志着国际上关于历史文化遗产保护的共同价值观的形成，在国际历史文化遗产保护发展历程中具有里程碑的意义。中国于 1985 年加入该公约，截至 2016 年 8 月，经联合国教科文组织审核被批准列入《世界遗产名录》的中国世界遗产共有 50 项，其中世界文化遗产 35 项、世界自然遗产 11 项、世界文化与自然双重遗产 4 项，在世界遗产名录国家中排名第 2 位，仅次于拥有 51 项世界遗产的意大利。

四、《内罗毕建议》（1976 年）

1976 年 11 月，联合国教科文组织在肯尼亚首都内罗毕通过了《关于历史地区的保护及其当代作用的建议》（又称《内罗毕建议》），这个建议正式提出保护城市历史地区的问题。《内罗毕建议》强调，保护历史地区并使它们与现代社会生活相结合是城市规划和土地开发的基本因素；要求各成员国"制定国家、地区和地方政策，以使国家、地区和地方当局能够采取法律、技术、经济和社会措施，保护历史地区及其周边环境，并使之适应于现代生活的需要"。

《内罗毕建议》对保护的内涵有更深层次的认识，提出"保护"包含了鉴定、防护、保存、修缮、再生和维持历史或传统地区及环境，并使它们重新获得活力。

五、《马丘比丘宪章》（1977 年）

1977 年 12 月，国际古迹遗址理事会在秘鲁首都利马围绕建筑与城市规划的现代运动进行了充分的讨论，通过了代表新的规划设计思想的《马丘比丘宪章》。《马丘比丘宪章》提出，城市的个性与特征取决于城市的体形结构和社会特征，因此，不仅要保存和维护好城市的历史遗迹和古迹，而且还要继承一般的文化传统。一切有价值的、说明社会和民族特征的文物必须保护起来；保护、恢复和重新使用现有历史遗址和古建筑必须同城市建设过程结合起来，以保证这些文物具有经济意义并继续具有生命力。

《马丘比丘宪章》的提出说明，城市历史文化遗产保护的内涵已经拓展到社会的文化传统继承层面，从物质文化遗产进一步扩大到非物质文化遗产领域，既要延续反映民族特色的文化传统，同时还必须将历史文化遗产保护与城市建设发展进程有机地结合起来。

六、《华盛顿宪章》（1987 年）

1987 年 10 月，国际古迹遗址理事会在美国华盛顿通过了《保护历史城镇与城区宪章》（即《华盛顿宪章》），重点强调的是对历史城镇和城区的保护。《华盛顿宪章》指出，历史城区包括城市、城镇以及历史中心区或其他保持着历史风貌的地区，它们不仅可视为历史的见证，而且体现了城镇传统文化的价值。在历史城区中，不仅要保护历史建筑的面貌，还要保护其整体空间环境。《华盛顿宪章》还对保护的方法和手段提出了具体要求，特别强调保护规划的制定要经过多个相关学科专家的共同研究，保护规划应明确保护所需的"法律、行政和财政手段"，应得到该历史地区居民的支持。

《华盛顿宪章》是继《威尼斯宪章》之后又一个关于历史文化遗产保护的重要国际性法规文件。这一文件总结了 20 世纪 70 年代以来各国在保护的理论与实践方面的经验，明确了历史地段以及更大范围的历史城镇、城区的保护意义和保护原则，对历史城镇的保护和开发具有深远的意义。

七、《奈良真实性文件》(1994 年)

东西方的遗产保护存在较大的文化差异，西方强调"真"，主张维持遗产原貌；东方强调"意"，主张必须在相关文化背景之下来对遗产进行保护。当有人质疑东方"臆测性"的修复、重建等行为有违《威尼斯宪章》精神的同时，东方学者就"原真性"发出自己的声音，逐渐获得国际的认可，并通过《奈良真实性文件》加以确认。

1994 年 11 月，国际古迹遗址理事会在日本奈良通过了《奈良真实性文件》，强调了文化遗产保护的"真实性"和保护方法的"多样性"，认为"真实性是文化遗产价值的基本特征，对真实性的了解是文化遗产科学研究的基础"，"一切有关文化项目价值以及相关信息来源可信度的判断都可能存在文化差异，因此不可能基于固定的标准来进行价值性和真实性评判。反之，出于对所有文化的尊重，必须在相关文化背景之下来对遗产项目加以考虑和评判"，"必须积极推动世界文化与遗产多样性的保护和强化，将其作为人类发展不可或缺的一部分"。

《奈良真实性文件》以东方的视角重新解读了《威尼斯宪章》中所述的文化遗产修复的真实性，它更加重视世界文化的多样性和亚洲文化的特殊性，改写了原有的西方评判标准，也为原本弱势的东方文化遗产保护开创了新的篇章，并推动各国在历史文化遗产保护工作中更加重视自身文化的特殊性。

八、《西安宣言》(2005 年)

2005 年 10 月，国际古迹遗址理事会在古城西安通过了《西安宣言》，针对当前城市和人类聚居环境发展的现状，专家们进一步认识到环境对于古迹和遗产的重要性，在《西安宣言》中提出了以下重要观点：

（1）要认识到历史建筑、古遗址和历史地区的环境是其重要性和独特性的组成部分。

（2）理解、记录和阐释环境对于界定和评价遗产价值十分重要。

（3）必须运用有效的规划、法律、政策、战略和实践等手段，保护和管理环境。

（4）对影响环境的变化必须得到监测与掌控。

（5）与当地、跨学科领域和国际社会进行合作，增强环境保护和管理的意识。

《西安宣言》将环境对于历史文化遗产的重要性提升到一个新的高度，不仅提出了对历史环境深入的认识和观点，还进一步提出了解决问题和实施的对策、途径和方法，强调将文化遗产的保护与其周边历史环境的保护和发展有机结合起来，具有较高的指导性和实践意义。

九、《瓦莱塔原则》（2011 年）

《维护与管理历史城镇与城区的瓦莱塔原则》（以下简称《瓦莱塔原则》）是由历史村镇科学委员会在世界遗产城市瓦莱塔提出，由国际古迹遗址理事会于2011 年 11 月通过的保护历史城镇的国际性指导文件。

在全球化和城市化的背景下，如何维护历史城镇不可复制的独特价值，是保护和管理面临的新挑战。《瓦莱塔原则》旨在建立动态维护管理的新维度，提出了历史城镇动态保护、管理和控制的一系列原则。

（1）基础性原则：提出具体的"质量原则"、"文化多样性原则"，强调必须改善民生，尊重文化的多样性，推进可持续发展。

（2）关联性原则：基于历史城镇整体性和关联性的特征，强调物质、文化、经济与社会的连贯性、均衡性与匹配性。

（3）程度性原则：提出具体的"数量原则"、"时间原则"，强化了在发展中的管控手段和维护力度。

（4）参与性原则：在认知评估、遗产维护、发展管理的全过程考虑所有利益相关方，采取专家征询机制和积极的对话协商模式，构建历史城镇动态维护的多元合作框架。

《瓦莱塔原则》是目前关于历史城镇与城区保护的最新国际宪章，其动态维护的新理念，对于当代历史城镇保护与开发具有极大的启示价值和借鉴意义。自此，国际社会在古城保护方面的认同与合作进入了更为广泛、深入的阶段。

十、综述

国际历史古城保护发展演变如表 1-5 所示。

表 1-5　国际历史城市保护发展演变

名称	出自	年份	保护对象	保护原则、方法	意义
《雅典宪章》	国际现代建筑协会	1933	有历史价值的古建筑	避免干路穿行古建筑区	第一个关于城市规划的国际纲领性文件
《威尼斯宪章》	国际古迹遗址理事会	1964	艺术品、单个建筑物、见证历史事件的城市和乡村环境	保护古迹的同时要连同环境一起保护，修复古迹时要保持历史的真实性和历史遗留原物的可识别性	是关于古迹保护的第一个国际宪章，扩大了古迹保护范围，确立了修复原则
《保护世界文化和自然遗产公约》	联合国教科文组织	1972	文化遗产、自然遗产	建立世界遗产委员会、世界遗产基金，开展国际合作	标志着国际关于历史文化遗产保护的共同价值观的形成
《内罗毕建议》	联合国教科文组织	1976	历史地区	采取法律、技术、经济和社会措施，保护历史地区及周边环境，并使之适应现代生活的需要	正式提出保护城市历史地区，肯定了历史环境保护的价值，提出保护历史环境是城市规划的基本要素
《马丘比丘宪章》	国际古迹遗址理事会	1977	历史遗址、古迹及文化传统	保护、恢复和重新使用现有历史遗址和古建筑，必须与城市建设结合起来，以保证它们具有经济意义及生命力	标志着历史文化遗产保护已经从物质文化遗产进一步扩大到非物质文化遗产领域
《华盛顿宪章》	国际古迹遗址理事会	1987	历史城镇、历史街区，包括其自然和人工环境	强调保护工作必须是城镇社会发展的组成部分，保护、修护、更新的步骤应适应现代生活、历史地区的特征，强调居民的支持与参与	是继《威尼斯宪章》之后第二部国际性法规文件，明确了历史地段及更大范围的历史城镇、历史城区的保护意义和保护原则
《奈良真实性文件》	国际古迹遗址理事会	1994	文化遗址的"原真性"	提出原真性是文化遗产价值的基本特征，对文化遗产的认识和了解可能因为不同文化背景而产生差异，这种差异应得到尊重	以东方视角重新解读了文化遗产修复的真实性，改写了原有的西方评判标准，为原本弱势的东方文化遗产保护开创了新篇章

续表

名称	出自	年份	保护对象	保护原则、方法	意义
《西安宣言》	国际古迹遗址理事会	2005	历史环境	认识到历史建筑、古遗址或历史地区的环境是其重要性和独特性的重要组成部分，历史环境变化必须得到监测和掌控	将环境对于历史文化遗产的重要性提升到一个新的高度，不仅提出对历史环境深入的认识和观点，还进一步提出了解决对策
《瓦莱塔原则》	国际古迹遗址理事会	2011	历史城镇	对历史城镇的动态保护应坚持基础性原则、关联性原则、程度性原则、参与性原则	探索了动态保护的理论前沿，在衔接既有的保护观念和框架的同时，突出了基于历史城镇动态性的评价标准和保护策略

由表 1–5 可以看出，国际历史古城保护经历了长期的发展与演进过程，它的发展历程揭示出人们对古城保护的认识是随着社会进步而不断发展的。随着社会的发展，古城保护的概念不断深化，保护内容不断拓展，古城保护的演变呈现出三大趋势：

一是从保护理念看，呈现保护与开发有机统一的态势。随着对古城保护认识的深化，对保护概念的理解也日益多元化，从虔诚式、冻结式的静态保护方式，到以可持续发展为理念，在保护与发展间综合平衡，实现在发展中保护，在保护中发展。

二是从保护内涵看，呈现持续扩展的态势。从保护单体建筑、建筑群到保护历史街区，乃至历史城市；从保护古城本身，发展到保护古城周围历史环境；从保护物质文化遗产到保护非物质文化遗产。随着研究的深入，古城保护内涵不断扩大，并逐步将园林景观、乡土建筑、工业文化遗产、跨区域跨类型文化路线等纳入古城保护体系，古城保护范围和保护对象由点及面、由物质到精神不断扩展。

三是从保护实施看，呈现综合联动态势。由过去单纯文物考古、建筑修复演进为多学科参与的综合行为，由少数精英人士参与逐渐向更具广泛性和互动性的公众参与转变。古城保护已成为政府发展战略制定过程中考虑的重要因素和城市规划中的重要价值取向，保护已经从物质形态的解决转变为在一个更大的系统内寻找对策（这个系统涉及经济、社会、环境、生态等诸多领域）。同时，人们对古城的保护意识与传承认识不断提高，越来越多的大众参与到古城保护之中。民间组织与政府和社会各界密切合作，在古城保护中发挥了社会动员作用，促进了全体民众积极参与古城保护的良好局面的形成。

第三节　国内古城研究综述

我国有着五千年的悠久文明历史和灿烂文化，有着广阔的疆域，各族人民在广泛的社会生产活动过程中留下了无数的文化遗产。古城正是博大精深的中华文化的精华荟萃之地。但是由于受到经济发展与社会整体价值观的制约，我国古城保护意识、保护观念和保护方法相对滞后于国际水平。

一、我国古城保护发展历程

我国古城保护可以追溯到 20 世纪初，至今经历了三个发展阶段：

（一）20 世纪初至 70 年代：以文物保护为中心内容的单一体系

我国真正意义上的文物保护始于 20 世纪 20 年代，1922 年北京大学设立考古学研究所，后又设立考古学系，成为我国最早的文物保护学术研究机构。1929 年，朱启钤、梁思成、刘敦桢等成立了中国营造学社，对我国古建筑等不可移动的文物保护进行了研究，并运用现代科学方法进行保护，为古城保护打下了一定的基础。

我国对文物建筑实施保护和管理始于民国时期，1930 年 6 月，当时的国民政府颁布了《古物保存法》，这是中国历史上第一个由中央政府颁布的文物保护法律；1931 年 7 月又颁布了《古物保存法施行细则》；1932 年，设立中央古物保管委员会，开展全国范围内的文物调查，并就境内盗掘和毁坏文物案件予以追查。但是，由于时局动荡，文物古迹保护在整体上并没有形成一个长期稳定的机制，上述法规基本没有得到有效的执行，各地大量文物古迹仍处于管理不善之中。

1949 年新中国成立后，针对战争造成的大量文物毁损及文物流失现象，中央政府及相关部门即开始推动文物保护工作的全面展开。1950 年 7 月，政务院颁布《关于保护文物建筑的指示》，指出："凡全国各地具有历史价值及有关革命史实的文物建筑……及上述建筑物内之原有附属物，均应加以保护，严禁破坏。"

1956 年国务院开展了第一次全国文物普查。1958 年《中华人民共和国宪法》中规定："国家保护名胜古迹、珍贵文物和其他重要历史文化遗产。"1961 年国务院颁布了《文物保护管理暂行条例》，这是新中国成立后关于文物保护的概括性法规，同时公布了第一批 180 个全国重点文物保护单位，实施了以命名"文物保护单位"来保护文物古迹的制度，初步建立起具有中国特色的文物保护法规制度。

这一时期尤其值得一提的是对我国古建筑和文化遗产保护做出突出贡献的著名建筑史学家梁思成先生。1948 年 11 月，梁思成主编了《全国重要文物建筑简目》，后来成为国家公布第一批全国重点文物保护单位的重要依据。1950 年 2 月，梁思成、陈占祥对古都北京规划建设提出"避开旧城，开辟新城"的建议（简称"梁陈"方案）。应该说，这种整体保护的理念在当时世界上也是非常先进的，可惜由于历史的原因该方案未能得到采纳，但规划方案中所体现的保护思想、规划理念和对后来历史文化名城保护制度的创设、完善，都具有非常重要的积极影响。

始于 1966 年的"文化大革命"运动使国家刚刚建立起来的文物保护制度遭到毁灭性的打击，以"破四旧"为代表的一系列"革命"运动使文物古迹遭受了前所未有的人为破坏，以致形成了一种忽视文化、忽视传统的"破旧立新"的社会倾向，在其后的岁月中产生了长期不良影响。

1978 年以后，文物保护工作开始逐渐恢复，1980 年国务院发布了《关于加强历史文物保护工作的通知》。1982 年 11 月 19 日，全国人大常委会通过了《中华人民共和国文物保护法》，奠定了国家文物保护法律制度的基础，标志着我国文物保护制度的创立。

（二）20 世纪 80 年代初至 90 年代中期：以历史文化名城为主要内容的保护体系

20 世纪 80 年代初，改革开放促进了中国与世界文化的沟通和交流，在重视历史城市、历史环境保护的国际潮流影响下，保护古城的思想在我国领导和专家的头脑中逐步形成。与此同时，各地的经济建设也在轰轰烈烈地进行，许多文物古迹和古街区遭到无知的破坏，由于缺乏对古城价值的认识，一些建设规模大或发展速度快的城市在建设中往往不去考虑历史遗存与传统风貌的保护，结果造成古城空间特色和文化环境的严重破坏。在这样的情形下，一些专家向国家呼吁，保护单个的文物古迹和古建筑是不够的，应该从城市整体上采取保护措施，选择重点城市进行保护。

1982年2月，国务院在全国范围内选定了24座有重大历史价值和革命意义的城市作为首批国家级历史文化名城。"历史文化名城"概念第一次正式提出，这标志着中国历史文化遗产保护范围从单体文物拓展到城市，也标志着中国历史文化名城保护制度的创立。

1986年12月，国务院公布了第二批38个国家级历史文化名城。同时，确定了历史文化名城的审定原则：不但要看城市的历史，还要着重看当前是否保存有较为丰富、完好的文物古迹和具有重大的历史、科学、艺术价值，从而把历史文化名城保护纳入体制化、规范化的轨道。

1994年1月，国务院公布了第三批37座历史文化名城，提出今后要从严审批国家历史文化名城，名城审批按照成熟一个公布一个的方式进行。

1994年9月，建设部、国家文物局共同发布了《历史文化名城保护规划编制要求》，进一步明确了保护规划的内容、深度、成果，成为编制历史文化名城保护规划的重要依据。

（三）20世纪90年代中期至今：以历史文化保护区为重要内容的多层次保护

历史文化名城制度实行以来，由于历史文化名城概念不够清晰，名城保护范围没有明确界定，造成保护规划实施、管理和资金保障上的诸多不便，在单体文物与历史文化名城之间再设立一个层级区域便提上议事日程。

1996年6月，建设部在黄山召开历史街区保护研讨会，会议明确指出，"历史街区的保护已经成为历史文化遗产的重要一环"。1997年8月，建设部发出《转发〈黄山市屯溪老街历史文化保护区保护管理暂行办法〉的通知》，指出"历史文化保护区是我国文化遗产的重要组成部分，是保护单体文物、历史文化保护区、历史文化名城这一完整体系中不可缺少的一个层次，也是我国历史文化名城保护工作的重点之一"，明确了历史文化保护区的特征、保护原则与方法，并对保护管理工作给予具体指导。2002年10月，《文物保护法》正式提出历史文化街区的法定概念。

2003年10月，建设部和国家文物局公布了第一批22个中国历史文化名镇名村，标志着历史文化名镇名村正式纳入文化遗产保护体系。

2008年4月，国家颁布了《历史文化名城名镇名村保护条例》，这是我国第一部关于历史文化名城保护的专门法规，把文化遗产保护分为三个层次，即文物保护单位、历史建筑，历史文化街区，名城名镇名村，使古城保护的深度和广度进一步拓展。

2015 年 12 月，时隔 37 年再次召开的中央城市工作会议指出，要保护弘扬中华优秀传统文化，延续城市历史文脉，保护好前人留下的文化遗产，这为我国今后古城保护与发展指明了方向和路径。

截至目前，我国已公布 129 座国家历史文化名城、350 个中国历史文化名镇名村、500 多个历史文化街区、2357 处全国重点文物保护单位，已覆盖 31 个省、直辖市、自治区，形成了全方位、多层次的历史名城名镇名村保护体系。新中国成立以来有关古城保护的政策法规如表 1-6 所示。

表 1-6　新中国成立以来有关文化遗产、古城保护的政策法规

年份	发布部门	名　称	主要针对对象
1950	政务院	《关于保护文物建筑的指示》	文物建筑
1958	文化部	《全国第一批文物保护单位名单汇编》	文物保护单位
1961	国务院	《文物保护管理暂行条例》、《关于进一步加强文物保护和管理工作的指示》	文物
1980	国务院	《关于加强历史文物保护工作的通知》	历史文物
1982	国务院	《批转国家建委等部门关于保护我国历史文化名城的请示的通知》	历史文化名城
1982	全国人民代表大会	《中华人民共和国文物保护法》	文物
1986	国务院	《批转城乡建设环境部、文化部关于请公布第二批全国历史文化名城名单的报告的通知》	历史文化名城
1990	全国人民代表大会	《中华人民共和国城市规划法》	历史文化名城名镇名村
1994	国务院	《批转建设部、国家文物局关于审批第三批国家历史文化名城和加强保护管理请示的通知》	历史文化名城
2002	全国人民代表大会	《中华人民共和国文物保护法》	文物
2004	建设部	《城市紫线管理办法》	历史文化名城、历史文化街区、历史建筑
2005	国务院	《关于加强文化遗产保护的通知》	文化遗产
2007	全国人民代表大会	《中华人民共和国文物保护法》	文物
2008	全国人民代表大会	《中华人民共和国城乡规划法》	历史文化名城名镇名村
2008	国务院	《历史文化名城名镇名村条例》	历史文化名城名镇名村
2012	住房和城乡建设部	《历史文化名城名镇名村保护规划编制要求（试行）》	历史文化名城名镇名村

二、我国古城保护的研究状况

通过对国内有关专著、学术论文等进行分析推理，近年来我国关于古城保护与开发的研究主要有以下几个方面：

（一）历史文化名城保护的必要性

著名古城保护专家阮仪三教授认为，保护好历史文化名城主要有以下重要作用：①是研究社会发展、科学技术发展、文化艺术发展的重要例证和源泉。②对于启迪爱国主义、增强民族自尊心有积极的教育作用，是建设精神文明的重要材料。③是今天进行城市规划和建筑设计创作及文化艺术创作的重要源泉和借鉴。④是进行文化艺术活动和发展旅游事业的重要物质条件。[①]

周干峙院士认为保护历史文化名城具有四个方面的重要意义：①重要的文化价值。城市是历史文化之载体，民族国家之根本。②科学价值。体现了前人的智慧，可以启迪后人。③教育价值。包括对思想政治、社会经济和科学技术的作用。④美学价值。广义的美学是从形式美到心灵美，是人类精神生活的最高境界。[②]

中国城市经济学会常务理事顾文选认为，古城形成的城市特色与风貌，在现代经济和社会生活中还将继续发挥主要作用。一是为现代城市建设提供了传统文化基础和规划建设的宝贵经验。二是为我们向人民特别是青年进行民族传统教育、爱国主义教育提供了最好的实物与历史教材。三是为我国提供了促进国际交流的枢纽和发展现代旅游事业的重要资源。[③]

（二）历史文化名城保护的法制研究

同济大学张松教授通过回顾历史文化名城制度诞生的背景，分析了我国名城保护的制度特征：①由专家引领推动、从中央到地方自上而下地开展；②以国家名义公布历史文化名城和推进保护规划管理；③我国的历史文化名城数量多、规模大、分布广，在城市发展和旧城更新过程中所面临的问题各不相同，而保护制度并未体现出因地制宜的特点。针对如何完善保护规划法规，张松指出，需要确立"保护优先"的原则，将与城市文化、市民生活密切相关的历史街区、历史城

---

① 阮仪三. 我国历史文化名城的保护 [J]. 城市发展研究，1996（1）.
② 周干峙. 城市化和历史文化名城 [J]. 城市规划，2002（4）.
③ 顾文选. 古城的价值究竟何在 [J]. 建筑创作，2003（12）.

区作为城市遗产对待，将文化遗产保护管理、历史风貌控制引导等内容全面纳入城乡规划管理体系。[①]

范忠信、胡荣明认为，历史文化名城保护有特殊的宗旨和目标，其保护任务更为艰巨，完善保护立法迫在眉睫。关于具体保护对象确定、保护规划的制定和监督、保护权责归属及权力范围、名城破坏事件的认定及纠勘、名城破坏犯罪及案件管辖权等关键问题，都必须通过立法加以解决。法律保护重中之重是完善督纠机制，特别是民意代表、新闻媒体、社会公众三者依法参与和监督的机制。[②]

同济大学刘榆认为，完善历史文化名城法律体系对策有三：①建立健全历史文化名城保护法律体系。②完善历史文化名城保护立法内容。一是建立社会投资奖励机制，健全资金保障体系；二是确立公众参与历史文化名城保护立法的法律地位，保障公众的知情权、咨询权、决策权、监督权；三是完善法律责任，严惩破坏历史文化名城的行为。③引入立法跟踪评估制度。[③]

（三）历史文化名城的规划保护

东南大学贾鸿雁教授在其著作《中国历史文化名城通论》中将历史文化名城保护规划设计归纳为三个层次的内容：首先，搞好城市总的布局，即确定城市的文物古迹、风景名胜保护区和城市建设发展区；其次，划定保护区范围，确定需要保护的具体地方，通常可分为"绝对保护区"、"建设控制区"、"环境协调区"；最后，进行重点地段详细规划，包括主要古迹和名胜区、重要地段、传统风貌街区、主要旅游服务基地、城市大门等。[④]

王景慧、阮仪三等合著的《中国历史文化名城保护理论与规划》全面论述了历史文化名城的形成与发展以及名城保护的基本内容与方法、制度，对名城保护规划与总体规划的关系以及历史文化名城保护规划中保护区的划分以及规划的编制和审批等都有深入研究。[⑤]

张松在其著作《历史城市保护学导论》中，以历史城市保护为核心，阐述了整体性保护的理论与规划方法，着重阐述了历史保护与城市设计的关系，从水文

[①] 张松. 历史文化名城保护制度建设再议 [J]. 城市规划，2011（1）.
[②] 范忠信，胡荣明. 历史文化名城法律保护的立法任务 [J]. 法治研究，2012（11）.
[③] 刘榆. 历史文化名城保护管治研究 [D]. 同济大学硕士学位论文，2006.
[④] 贾鸿雁. 中国历史文化名城通论 [M]. 南京：东南大学出版社，2007.
[⑤] 王景慧，阮仪三. 中国历史文化名城保护理论与规划 [M]. 上海：同济大学出版社，1999.

化、城市形态、历史街区、城市天际线等方面，分析了历史保护对城市特色维护与塑造的作用与意义。①

（四）历史文化名城保护的困境

中国城市规划协会仇保兴理事长认为，《历史文化名城名镇名村保护条例》颁布以后，各地虽然做了大量工作，但是仍然存在着许多问题：一是对历史文化名城名镇名村保护工作认识不到位，保护意识薄弱；二是依法行政力度不够；三是历史文化名镇名村保护规划滞后；四是保护资金不足，对历史建筑缺乏定期的维护；五是"旅游开发性破坏"使历史文化名城名镇名村的部分历史建筑逐渐丧失其历史原真性，建造了一批毫无历史文化价值的假古董；六是历史文化资源信息档案亟待建立。②

张松提出古城保护存在的突出问题：一是消极静态的保护。由于历史文化名城保护工作是作为一种限制性规定、控制性措施而诞生的，因而导致一些历史名城保护以一种静态的、消极的方式为主。二是片面单一的保护。重传统建筑等遗产，轻城市文化环境，缺乏历史建筑群、历史环境整体保护的观念，使得传统建筑与历史文化相割裂，城市的环境意象、景观特征遭到破坏。三是建设性破坏严重。错误理解历史保护的思想，对古旧建筑等盲目整修一新，"大屋顶"、"仿古一条街"、"假古董"泛滥，造成一种新形式的破坏。③

杨剑龙认为，在城市化进程中，中国历史文化名城保护的危机与困境主要有：在大规模城市改造中，破坏城市历史文化格局；在盲目的改建复建中，形成城市建设发展的败笔；在过度的旅游开发中，酿成城市遗产的破坏。出现这些问题的原因主要是：缺乏历史文化意识，形成二元对立的思维方式；缺乏体制规范约束，形成主观武断的价值判断；缺乏法律惩罚制度，形成事故责任的难以认定。④

（五）历史文化名城保护的对策

仇保兴在客观分析中国历史文化名城的保护形势、问题后，提出进一步加强

①③ 张松.历史城市保护学导论——文化遗产和历史环境保护的一种整体性方法 [M].上海：同济大学出版社，2008.
② 仇保兴.对历史文化名城名镇名村保护的思考 [J].中国名城，2010 (6).
④ 杨剑龙.中国历史文化名城保护的危机与困境 [J].上海师范大学学报（哲学社会科学版），2012 (2).

历史文化名城保护工作的建议：一是提高认识、转变观念、加强领导、落实责任；二是完善法规，坚持依法行政；三是科学编制保护规划，严格实施；四是建立保护监督的平台，完善督查体系；五是创新思路，统筹协调保护与发展的关系；六是加大投入，保障保护工作的开展；七是完善和加强城乡规划督察员制度；八是加强宣传，引导社会广泛参与保护工作。[①]

张廷兴指出，历史文化名城现代化建设应强调以下几点发展思路：第一，充分保护和利用历史文化遗产，形成鲜明的城市文化品格；第二，注重在文化上吸收、改造和创新，提高自己的文化现代化品位；第三，加大基础设施、社会保障的投入，提高公共文化设施的开放度。[②]

赵中枢对历史文化名城的未来发展提出了四点意见：第一，必须以现状保存状况为基础，延续风貌，延年益寿，不能"返老还童"，更不能回到"盛世"。第二，采用"小规模、渐进式、微循环"的方法解决名城更新问题。第三，基础设施和公共服务设施与公共服务水平要因地制宜。第四，重视延续原居民的生活和非物质文化遗产保护。

综上所述，我国古城的保护和开发研究已取得不少成果，发展趋势是逐渐从宏观走向微观、从单一走向多元、从理论走向实践，古城保护与开发已经成为各级政府与社会各界关注的热点问题。但应该看到，截至 2015 年末，我国城镇化水平已达到 56.1%，并将持续较快增长，会有更多的农村人口进入城镇，现代化生活方式和居住理念也会给古城的传统格局、历史风貌乃至街巷空间、建筑形式带来巨大冲击，保护和发展依然面临巨大压力和挑战，我国古城保护与开发任重道远。

第四节　古城保护与开发相关理论

近年来，古城保护与开发研究成为一个方兴未艾的领域。古城作为多学科共

---

① 仇保兴. 中国历史文化名城保护形势、问题及对策 [J]. 中国名城，2012 (12).
② 张廷兴. 论历史文化名城的现代化之路 [J]. 理论学刊，2006 (5).

同研究的对象，有很多从不同角度、不同层面揭示古城保护与发展规律的学说和研究方法，如城市发展理论、社会学理论、城市规划理论、文化景观理论等。本节广泛汲取这些理论营养，精选了可持续发展、文化生态学、有机更新三种新颖实用的古城研究通用理论，使古城保护有章可循、有据可依，为古城保护与开发提供具有指导作用的理论依据和实践借鉴。

一、可持续发展理论

（一）可持续发展理论的形成

可持续发展（Sustainable Development）是指既满足当代人的需要，又不对后代人满足其需要的能力构成危害的发展。

可持续发展理论的形成经历了相当长的历史过程。20 世纪五六十年代，人们在经济增长、城市化、人口、资源等所形成的环境压力下，对"增长=发展"的模式产生怀疑并展开讨论。1962 年，美国女生物学家 Rachel Carson（莱切尔·卡逊）发表了一部引起很大轰动的环境科普著作《寂静的春天》，作者描绘了一个由于农药污染所带来的可怕景象，惊呼人们将会失去"春光明媚的春天"，在世界范围内引发了人类关于发展观念的争论。

10 年后，美国两位著名学者 Barbara Ward（巴巴拉·沃德）和 Rene Dubos（雷内·杜博斯）享誉全球的著作《只有一个地球》问世，把人类生存与环境的认识推向一个新境界——可持续发展的境界。同年，一个非正式国际著名学术团体即罗马俱乐部发表了著名的研究报告《增长的极限》（The Limits to Growth），明确提出"持续增长"和"合理的持久的均衡发展"的概念。1987 年，以挪威首相布伦特兰为主席的联合国世界与环境发展委员会发表了一份报告《我们共同的未来》，正式提出可持续发展概念，并以此为主题对人类共同关心的环境与发展问题进行了全面论述，受到世界各国政府组织和舆论的极大重视。1992 年 6 月，在联合国环境与发展大会上，可持续发展理念得到与会者的共识与承认。

（二）可持续发展理论的基本特征

可持续发展理论的基本特征可以简单地归纳为经济可持续发展（基础）、生态可持续发展（条件）、社会可持续发展（目的）。

1. 可持续发展鼓励经济增长

可持续发展理论强调经济增长的必要性，同时指出，不仅要重视经济增长的数量，更要追求经济增长的质量。数量的增长是有限的，而依靠科学技术进步，提高经济活动中的效益和质量，采取科学的经济增长方式才是可持续的。

2. 可持续发展的标志是资源的永续利用和良好的生态环境

经济和社会发展不能超过资源和环境的承载能力。可持续发展要求在保护环境和资源永续利用的条件下，进行经济建设，保证以可持续的方式使用自然资源和环境成本，使人类的发展控制在地球的承载力范围之内。

3. 可持续发展的目标是谋求社会的全面进步

发展不仅仅是经济问题，单纯追求产值的经济增长不能体现发展的内涵。可持续发展的观念认为，在人类可持续发展系统中，经济发展是基础，自然生态（环境）保护是条件，社会进步才是目的。这三者又是一个相互影响的综合体，只要社会在每一个时间段内都能保持与经济、资源和环境的协调，这个社会就符合可持续发展的要求。

（三）古城的可持续发展

发展是这个时代的主旋律和硬道理，作为繁若星辰的城市群体中独具特色的一部分，古城同其他城市一样，需要顺应时代的潮流，谋求自身的可持续发展，只是在其可持续发展的内涵中需要更多地加入城市历史文化保护的因素。我们可以将古城看作"历史文化"和"城市"两个概念的整合，一方面体现为历史文化遗产的集合，另一方面也具有城市的共性特征。因而探讨古城的可持续发展，应包括三个方面的内容：一是城市自身实现可持续发展；二是城市中历史文化遗产可持续发展；三是城市可持续发展与历史文化遗产可持续发展实现真正的有机统一。

1. 城市可持续发展

城市是人类文明的产物和集中体现，也是人类文明的主要载体和策源地。从可持续发展的角度，城市是人类可持续发展的主战场，也是各类不可持续性问题的高发地，高速的城镇化进程引发了人口、交通、环境、住房、卫生、资源等一系列"城市病"，制约了城市的可持续发展。

城市可持续发展包括经济、社会、资源、环境多个角度的可持续。经济角度，城市经济的发展应追求高效、集约的模式，采用创新、高科技的手段，使经济增长具有可持续的活力。社会角度，城市社会可持续发展以平等、生机勃勃、和谐稳定为标志，形成一个自由、高度交流、融合、民主、信息透明、文化发达的理想城邦。资源角度，城市应不以损害后代资源的代价发展经济，努力提高资源利用效率，建立一个宜居的绿色家园。环境角度，城市的环境包含自然环境与人文环境，城市可持续发展以创造优质的自然生态系统和丰富和谐的文化系统为发展目标。[①]

2. 历史遗产可持续发展

历史遗产可持续发展的基点是其蕴含着可以满足当代人和后代人需要的价值元素。历史遗产的价值体现在多个方面，如历史价值（历史、考古、人类文化学等方面的价值）、文化价值（文化、艺术、审美等方面的价值）、科学价值（科学、技术、材料等方面的价值）、情感价值（精神、情感、信仰等方面的价值）、使用价值（功能价值以及所派生的经济、社会、政治等方面的价值）。这些价值从多个层面满足了人们的需要，并且仍将为后代人所需要，人总是需要在生活中与已逝去的时间保持某种程度的微妙联系，持续的需要让历史遗产的可持续发展成为硬道理。

通俗地说，历史遗产可持续发展有三层含义，即让历史遗产保存更久、影响力更大、与当代思想文化交融更深。这三层含义具有目标上的递进关系。历史遗产可持续发展的理想模式就是上述三层含义同时实现且相互促进，并保持相对稳定的良性发展状态。[②]

3. 城市可持续发展与历史遗产可持续发展的有机统一

城市可持续发展与历史遗产可持续发展的统一并不等同于简单地加总，只有两者在目标上相互协调，在进程上彼此同步，实现真正的有机统一，才能准确地体现古城不同于其他城市的发展特征。

一方面，城市可持续发展为历史文化遗产可持续发展提供物质基础和精神动力。古城的形成是历史、自然、经济文化等多种因素作用的结果，在空间上是一个自然、生态、经济文化相互关联的整体开放性系统，历史文化只是城市系统构成的一部分。将历史文化从古城整体演变和运动中独立出来孤立地进行保护，事实上是不可能的。实际上，历史遗产可持续发展是古城可持续发展目标的子目

---

① 王汁汁. 基于城市可持续发展的城市综合体开发决策研究 [D]. 重庆大学硕士学位论文，2014.
② 安定. 西部中小历史文化名城可持续保护的现实困境与对策研究 [D]. 天津大学博士学位论文，2005.

标，古城社会经济和文化、生态建设整体协调发展，可以加大历史遗产保护管理的经济、技术投入，不断丰富历史遗产文化内涵，进而提高历史遗产的可持续发展能力。

另一方面，历史遗产可持续发展是城市可持续发展的宝贵资源和独特优势。古城的文化遗产是一种无可替代的社会、文化资源，是古城发展的比较优势和核心竞争力。我们既要珍惜祖先留下的宝贵财富，又要使其充分融入现代文明之中。古城应坚持在科学保护的前提下，通过适度合理的开发，如发展旅游业、文化创意产业等形式，满足经济、社会和审美各方面的需要，从而带动城市经济，提升文化品位，扩大城市知名度和美誉度，提高当地居民生活水平及社会发展水平。

二、文化生态学理论

（一）文化生态学的内涵

"文化生态学"的概念主要源于"生态学"一词，该词是 19 世纪 70 年代由德国生物学家 E.H.海克尔提出的，用以研究文化与整个环境生物集的关系。1955 年，美国文化人类学家 J.H.斯图尔德首次提出"文化生态学"的概念，它主要是"从人类生存的整个自然环境和社会环境中的各种因素交互作用研究文化产生、发展、变异规律的一种学说"，文化生态学主张从人、自然、社会、文化的各种变量的交互作用中研究文化产生、发展的规律，用以寻求不同民族文化发展的特殊形态和模式。

文化生态学是以人类在创建文化的过程中与天然环境及人工环境的相互关系为对象的一门学科，其使命是把握文化生成与文化环境的内在联系。将"环境"纳入文化研究之中，是文化生态学最显著的特点，它运用了系统论的有关原理，辩证地看待问题，把人类文化放到整体的自然与社会环境中加以研究，尤其着重强调文化与环境的相互影响，体现出研究方法上的优势。

（二）文化生态学的外延

文化系统。文化生态学要研究文化系统的两个方面，一方面，研究文化系统与自然和社会系统之间的关系，这一体系由影响文化产生和发展的自然地理环境、政治经济发展、科学技术条件、社会组织及思想观念等因素构成；另一方面，研究文化系统整体与各要素之间的关系，以及文化系统内部各要素之间的关系。其目的是使文化系统、自然系统和社会系统这三者之间形成良好的互动。

文化环境。文化环境是文化生存和发展的土壤，包括人文地理环境、传统文化环境、地域人口环境、思想道德环境、政治经济环境以及宗教、民俗环境等。

文化资源。文化资源是客观存在的，具有文化的传统和特征。通过运用生态学对文化资源进行研究，可以有效地保护和合理地开发利用文化资源。

文化生态的态势。文化生态的态势不仅包括文化生存和发展的状态，还包括文化的发展趋势。研究文化形态，就必须要从文化产生的时空、过程、功能等变量入手，结合文化发展运动与静止、历史与现实、形式与内容等关系全面研究文化存在的状态及趋势。①

（三）文化生态学理论对古城保护与开发的指导原则

古城是人类与自然相互作用的形态标志，也是物质文化与精神文化复合熔铸的结晶，是具有深厚历史积淀的文化资源。在全球化愈演愈烈的演进过程中，发掘古城历史文化景观的潜力，使文化资源的综合优势和价值得到充分发挥，显得尤为重要。因此，在古城保护与开发中引入文化生态学理论体系，有助于全面地认识诸多社会文化因素共同作用下的古城，使"大文化"观与"大生态"观有机结合，更好地让文化成为推动古城保护与发展、推动社会进步的力量。文化生态学对古城保护与开发的指导应把握以下几个原则：

1. 整体性

古城是一个整体，它和单个的文物文保单位或历史街区都不相同，因此，我们不能采取博物馆似的静止的保护方法，而是要从文化生态学的角度把它看作一个完整的生态系统。这个生态系统有它独特的物质循环和能量流动的规律，只有找出并尊重这些规律，才能够最终实现整体、有机的保护。整体性的保护可从以下两个方面着手：

一是以微循环触动整体有机更新。城市文化生态系统内存在小范围的微循环，这种微循环使得小部分的有机更新成为可能。经过城市整体周而复始的新陈代谢，只要其基本特征和艺术文化的本质还存留，就有可能催生出新的城市生活。例如，建筑单体的更新并不需要同时全面地进行，而是可以个别地、分时段地进行，使建筑单体所在微循环圈的更新有效进行。

---

① 曹倩. 文化生态学视角下红色文化生态与研究 [D]. 遵义医学院硕士学位论文，2014.

二是以文化产业带动整体发展。世界经济文化一体化已成为现代经济社会发展的普遍特征。从文化生态学的角度来说，文化产业就是古城文化生态系统中的优势种，深入挖掘和整合城市文化资源，变文化优势为经济优势，可以带动整体文化生态系统的发展，从而实现古城的全面复兴。

2. 原真性

古城遗产的不可再生性决定了其保护的原真性原则。保护古城的原真性就是要保留其原有的用途，保留原有的地方文化、民俗习惯。其中最关键的是城市形态的原真性。城市的形态给人以直观、形象的强烈印象，是古城赖以生存的基础，而它正是古城保护的精神追求，也是其具有吸引力的根本原因。同时，要注意抵制外来文化入侵，借助系统外部（如政府行政手段、法律法规、民间协会等）的力量来保护本地文化的原真性，维护文化生态系统的稳定性。

3. 多样性

文化的多样性是文化生态系统生命力和活力的表现。在古城的保护中，应允许和鼓励多种异质文化的存在和发展。不同文化间的交流、碰撞与整合，有助于维护并促进文化生态系统的稳定和发展。只有给予各种文化自由展示的空间和权力，坚持"百花齐放，百家争鸣"，才能真正形成丰富多彩并富有创造性的文化生态环境。

4. 动态性

城市在时间上和空间上都在不断发展，人类持续不断的社会活动使得古城的文化特性逐渐变化，其物化形式城市实体也在不断发展，因此古城的保护与文物的静态保护不同，它的发展是连续的、多变的，强调一个动态的过程。

一是延续历史文脉。古城保护动态性的一个重要体现就是对历史文脉的延续。对于任何一个城市来说，它的建筑风格、历史遗存和文化轨迹等都是它区别于其他城市的特质，这也就是城市的文脉。只有尊重城市的历史，善待城市的文化资源，才不至于在城市建设中失去城市文脉。

二是创新地域文化。古城的文化生态系统只有靠创造性地发展城市文化才能产生长久的魅力。今天的创新就是明天的传统，是古城发展的不竭动力。在文化生态系统中，只有同化与异化并存，才能实现地域文化的创新。只有通过综合创新本土文化，合理接纳外来文化，才能使古城焕发出新的光辉。[①]

三、有机更新理论

（一）有机更新理论的形成

"有机更新"是生物学概念的演化，是指将事物视作生命的有机体，在其生存和发展的过程中为适应自身和环境的需要而进行新陈代谢的过程。

在城市规划领域，有机更新理论首先是由中国建筑学家、城乡规划学家吴良镛教授在长期对北京旧城规划建设研究的基础上提出的。有机更新理论的核心思想是主张按照城市内在的发展规律，顺应城市肌理，从而达到新的有机秩序。它认为城市发展如同生物有机体的生长过程，应该不断去掉旧的、腐败的部分，生长出新的内容，但这种新的组织应具有原有结构的特征，就是说应从原有的城市肌理对城市进行有机更新。

上述思路在1987年开始的菊儿胡同住宅改造工程中得到实践，取得了有目共睹的成功。在菊儿胡同改造实践中，有机更新理论提出了保护、整治与改造相结合，采用"合院体系"组织建筑群设计，小规模、分片、分阶段、滚动开发等一系列具体的城市设计原则和方法。吴良镛教授在其《北京旧城与菊儿胡同》一书中总结道："所谓'有机更新'，即采用适当规模、合适尺度，依据改造的内容与要求，妥善处理目前与将来的关系，不断提高规划设计质量，使每一片的发展达到相对的完整性，这样集无数相对完整性之和，即能促进北京旧城的整体环境得到改善，达到有机更新的目的。"[②]

有机更新理论作为一种全新的城市规划理念，不仅成功运用于北京旧城更新实践中，而且对于国内外城市更新实践都具有重要指导意义。吴良镛院士于1992年获得联合国"世界人居奖"，2012年获得"国家最高科学技术奖"。

（二）有机更新理论的内涵

"有机更新"从概念上来说，至少包含以下三层含义：

（1）城市整体的有机性。作为千百万人生活和工作的载体，城市从总体到细

---

① 许婵. 基于文化生态学的历史文化名城保护研究——以大理古城为例 [J]. 安徽农业科学，2008 (28).

② 吴良镛. 北京旧城与菊儿胡同 [M]. 北京：中国建筑工业出版社，1994 (1).

部都应当是一个有机整体，城市的各个部分之间应像生物体的各个组织一样，彼此相互关联，同时和谐共处，形成整体的秩序和活力。

（2）细胞和组织更新的有机性。同生物体的新陈代谢一样，构成城市本身组织的城市细胞（如供居民居住的四合院）和城市组织（街区）也要不断地更新，这是必要的，也是不可避免的，但新的城市细胞仍应当顺应原有城市肌理。

（3）更新过程的有机性。"生物体的新陈代谢（是以细胞为单位进行的一种逐渐的、连续的、自然的变化），遵从其内在的秩序和规律，城市的更新亦当如此"。[①]

总的来说，有机更新是一种观念、思想，一种方法、手段，更是事物健康发展、不断进化的一个过程。

（三）有机更新理论对古城保护与开发的指导原则

当前，古城或历史街区经常陷于保护性衰败或建设性破坏两大文化和社会困境之中，如何走出一条城市物质更新与文化保护兼容共生的路子，依然在不断地挑战着当代人的智慧。从这一角度看，有机更新是一种积极的发展形式，它既可以继承传统的历史文化，又能为自身发展注入新鲜的血液，是一种兼具生态意义、文化意义、经济意义的发展方向。基于有机更新理论的内容和特点，其在古城保护与开发中的基本原则如下：

1. 系统性

古城、历史街区是一个有机整体、一个系统，它的保护开发重点不完全在建筑物本身，而在其整体环境的格局。因此，古城更新应注重主体的系统性，在更新过程中既要充分把握主体及其周围地区的格局和文明特征，又要遵循自身发展的历史规律，保持肌理的相对完整性，从而确保系统的协调统一。

2. 阶段性

古城有机更新是一个连续的过程，任何改建都不是最后的完成（也从没有最后的完成），而是处于持续的更新之中，应当妥善处理古城更新中目前与将来的关系，循序渐进，为未来的发展留有余地。

3. 延续性

古城有机更新是在主体长期积淀而成的现状基础上延续进行的，因此，它不

---

① 方可. 当代北京旧城更新：调查·研究·探索 [M]. 北京：中国工业建筑出版社，2000 (6).

可能脱离古城的历史和现状，了解该地区物质环境的主要问题及其与当地社会、经济情况和城市管理等方面的关系，同时尊重居民生活习俗，继承城市在历史上创造并留存下来的有形和无形的各类资源和财富，既是延续并发展城市文化特色的需要，也是确保更新获得成功的条件。

4. 参与性

城市是居民生活的载体，古城更新的原动力应该来自当地居民。因此，古城有机更新应强调"自上而下"与"自下而上"相结合，鼓励居民的自主参与，从居民的现实需求出发来制定更新规划，以与民众的沟通和协调作为更新的基础，使当地居民成为古城有机更新真正的主人。

5. 效能性

古城有机更新的最高目标是满足居民生活的需求，而城市居民的生活层面包含经济、文化、自然环境等多个方面，所以古城更新应当努力促成多种效益的获得，包括社会效益、经济效益、环境效益和城市文化效益等，从而达到综合效益的最大化。

6. 灵活性

古城有机更新应采取小而灵活的规模尺度，与大规模改造相比，无论是在资金筹措、建筑施工，还是在拆迁安置方面，小规模改造都明显具有较大的灵活性。特别是对当地居民的居住环境而言，小规模的、连续的、渐变的传统改造更具有较强的针对性，往往能够因势利导，具体问题具体分析，比较细致妥善地满足居民的实际需要。①

---

① 陈晨.浙江德清张陆湾村的有机更新策略与设计实践［D］.浙江大学硕士学位论文，2015.

第二章

国内外著名古城保护与开发

古城保护也好，发展也罢，其根本目的在于通过努力，让古城焕发新生机。目前，国外古城在保护与发展方面的成功典范有法国的巴黎、英国的伦敦、意大利的罗马、日本的京都等，国内的成功典范有苏州、丽江、平遥等。本章选取国内外五个典型案例，深入探讨古城保护与发展的成功之路，为漳州古城的保护与发展提供参考和借鉴。

第一节　巴黎——护古维新，全球典范

一、巴黎概况

巴黎（Paris）是法兰西共和国的首都，建都已有 1400 多年的历史，是四大世界级城市之一（与美国纽约、日本东京、英国伦敦并列）。今天的巴黎，不仅是世界的一个政治、经济、科技、文化、时尚中心，而且是世界著名浪漫之都、旅游胜地，以它独有的魅力吸引无数来自各大洲的宾客与游人。据统计，每年有 4200 万人造访巴黎与邻近都会区，让巴黎成为世界上最多观光客造访的城市。

巴黎是历史名城，拥有 2000 多年的城市建设史和璀璨的历史文化遗产，从

威严壮观的巴黎圣母院、古老的索邦大学、雄伟的凯旋门、高耸入云的埃菲尔铁塔到珍宝丰富的卢浮宫、精美绝伦的凡尔赛宫等，无不向人们展示着巴黎的辉煌历史。据统计，巴黎约有 1800 座列为历史古迹的建筑和遗址、137 个博物馆、37 座桥梁和 200 个教堂，另有 8000 个带有露天座位的咖啡馆、208 个剧场和 84 家电影院，吸引着全球 2.5 万名客居艺术家，每年有许多重要文化和商业活动在这里举办。利尔克曾说过，"巴黎是一座无与伦比的城市"。

1991 年，巴黎塞纳河畔作为文化遗产列入《世界遗产名录》。世界遗产委员会评价："从卢浮宫到埃菲尔铁塔，从协和广场到大小王宫，巴黎的历史变迁从塞纳河可见一斑。巴黎圣母院和圣礼拜堂堪称建筑杰作，而奥斯曼宽阔的广场和林荫道则影响着 19 世纪末和 20 世纪全世界的城市规划。"

二、历史上巴黎古城的两次大规模改造

巴黎古城历史上有过两次大规模的改造，这两次改造对形成今天我们看到的巴黎风貌具有决定性的影响。

第一次改造始于 19 世纪中叶，由巴黎警察局长奥斯曼主持的这次改造以大规模的规划极大地改变了巴黎的风貌，具有很强的前瞻性，基本奠定了巴黎今天的城市格局。奥斯曼制订的巴黎改造计划的核心是干道网的规划与建设，拆除大量的旧建筑，切蛋糕似地开辟出一条条宽敞的大道，并在两侧种植高大的乔木而成为林荫大道。奥斯曼严格地规范了道路两侧建筑物的高度和形式，强调街景水平线的连续性，有意识地营造城市景观。同时，注重加强市政设施、供水、排污、学校、医院、公园等基础设施和公共设施的建设，改善了城市人居环境。改造完成以后，巴黎形成了单中心、放射状交通网、主轴线与塞纳河平行的格局。经过史无前例的奥斯曼改建，19 世纪中期后的新巴黎被誉为世界最美丽、最现代化的城市，也成为全世界城市的范例。[①]

第二次改造始于 20 世纪 60 年代，这次改造加强了对历史建筑和城市风貌的保护，通过建设新城区，减缓老城区的压力，使旧城的风貌和历史文化遗产得到保护和延续。政府提出"分散组团式"的规划格局，在巴黎外围设立城市副中心，并在国际上首次提出新城概念和卫星城的计划，以平衡城市布局，分散居住

---

① 李琰. 巴黎历史风貌保护对北京城市建设的借鉴 [D]. 对外经济贸易大学硕士学位论文，2005.

人口，解决用地压力。如今巴黎市区大量人口迁移到新建的卫星城里，大区内的高速、快速交通系统也日渐配套完善，规划设想得到了很好的实现。①

三、巴黎古城保护开发经验

巴黎城市的历史文化保护策略在世界古城保护中堪称成功的典范，基本上保留并延续了19世纪中期的建筑风貌和街巷肌理，到处彰显着巴黎古城的人文魅力。因此，其历史文化保护的措施与经验非常值得借鉴。

（一）立法先行，以良法推进善治

在国际社会，作为遗产保护典范的法国，古城的法律保护一直走在世界的前列。据不完全统计，在近一百多年的法制建设中，仅文化遗产相关的法律法规就有100多部，这充分证明了法国在遗产保护方面的积极性和创造性。早在1840年，法国就颁布了《历史性建筑法案》，这是世界上最早的一部关于历史建筑保护的法规。1887年通过的《历史建筑保护法》，首次规定了保护文物建筑是公共事业，政府应该干预。1913年颁布了新的《历史建筑保护法》，规定列入保护名录的建筑不得拆毁，维修要在"国家建筑师"的指导下进行，由政府资助一部分维修费用。1962年颁布了《马尔罗法》，规定将有价值的历史街区划定为"历史保护区"，制定保护和继续使用的规划，纳入城市规划的范畴严格管理。

巴黎的《城市规划和保护法》是世界上最全面、完善和严格的城市建设法律体系之一，大到对大巴黎地区和巴黎中心城区的城市布局、用地规划、交通组织以及分区规划、城市设计原则，小到对若干城市规划的控制指标和参数诸如容积率、建筑密度、高度、间距、风格、立面形式等，都有详细的相关规定。尤其对旧城区和古建筑的保护，其重视和严格的程度在全世界无出其右。如规定建筑外立面不允许私自改动、必须定期维护修缮等。②正是在这部法律和相关政策的指导下，整个巴黎旧城就像一个古建筑博物馆，城市规划布局、古建筑、街道和环境氛围都保持着完好的历史风貌。

（二）保护旧城，实施以"导"为主的城市更新策略

法国政府实施严谨的规划方案，将旧城区的人口疏散出去，把旧城区的产业

---

① 刘道明. 巴黎的城市保护与更新 [J]. 安徽建筑，2003（10）.
② 胡章鸿. 巴黎随想浅议——旧城保护和城市复兴 [J]. 北京规划建设，2010（4）.

转移出来，通过多中心的新城建设，把人流、车流、物流引到新城或新的副中心，老中心区自然就会轻松起来，这是"导"的做法。正是政府与规划师们坚定的保护旧城区的思想与科学的"疏导"规划方案，使得巴黎旧城得以较为完整地保留下来。

1. 在旧城区划分历史保护圈层

巴黎在旧城区划分两个历史保护圈层，第一个圈层是老城历史文化中心区，即 18 世纪形成的巴黎旧城，原则上保持不拆不改不建，保持原有的历史面貌、传统功能和活动。第二个圈层是 19 世纪形成的旧区，适当改善并加强居住区的功能，限制建筑办公楼，以保护原有和谐的空间形态和城市景观。其周边地区，政策略为放宽，允许建一些新的住宅和大型设施，以加强中心区的社会生活多样性，使旧城区有可持续的生命力。这两个保护圈层，避免了巴黎历史建筑与旧城风貌遭到城市建设的破坏，非常良好地将城市历史文化传承下来。①

2. 新城始终是区域城市空间的重要组成部分

巴黎在城市改造中，注意把握新城与旧城的协调发展、平衡发展，新城始终是区域城市空间的重要组成部分，而不是孤立于现状城市建成区之外的游离因素，其目的在于促进城市建设在半城市化地区集聚发展，以加强城市化的空间整体性，促进区域的整体发展。巴黎新城具有以下几个特点：①新城中心距离城市中心较近，平均距离仅为 25 千米左右。②新城都具有良好的公共换乘系统，与巴黎市区均有远程轨道系统（RER）以实现便捷的交通。③新城强调就业与居住的平衡，就近满足郊区居民的工作需求和生活需求。④新规划的社区均以低层、低密度为特点，禁止建设高层。⑤新城的规划建设由新城国土开发公共规划机构（EPA）操作，具有明确而强硬的国家干预特征。②

（三）功能提升，注重对历史建筑的保护性利用

当今世界各国对文物古迹保护的一大难题，就在于保护和利用的矛盾。只保护，没有足够的经济财力支撑，难以长久，最终也难以保护；若利用，会有经济收入，可以支持保护，但也会对文物造成损毁、破坏，对保护形成冲击。巴黎在对旧城区历史建筑的利用、经营、维修和保护方面做得极为出色，使保护和利用

① 李丽，张芳芳，樊辉.浅谈巴黎城市历史保护策略［J］.山西建筑，2008（3）.
② 赵学彬.巴黎新城规划建设［J］.规划师，2006（11）.

二者相得益彰，实现了文化功能、经济功能和社会功能的协调。总结巴黎历史建筑的利用方式，主要有以下三种模式：

第一种是延续原有功能。这类型资源主要有教堂、政府办公场所以及居住类建筑。巴黎有众多的教堂，这些教堂目前大部分保留着宗教功能，仍然是教徒祷告的地方。部分教堂因其在全球享有很高的知名度，在延续其原有功能的同时，也拓展了旅游功能，对游客开放，允许游客参观游览。如巴黎圣母院塔楼通过收费形式对外开放，可供游人俯瞰巴黎全景，尤其是塞纳河沿线的人文风光。

第二种是转换为文化展示功能。巴黎有众多的博物馆资源，这些博物馆大都是由历史建筑改造而成，不仅是展示皇宫文化等自身特色文化的重要载体，而且成为法国乃至欧洲文化艺术的集中展示地，如卢浮宫博物院收藏了 40 万件文化艺术精品，既有法国的绘画和雕刻艺术，也有世界各国的艺术精品。2014 年全年，卢浮宫的游客参观数量达到 930 万人次，成为世界上参观人数最多的博物馆。

第三种是转换为服务设施和办公设施。巴黎老城内众多历史建筑的使用功能发生了很大变化，有的成为商场、酒店等服务设施，有的则成为企业或机构的办公场所。值得关注的是巴黎的一些工业产区，由于城市功能调整以及旧城环境保护的需要，不再适宜发展工业，而这些工厂又具有一定的历史价值，在城市改造过程中往往尽可能保留其外观或原有建筑框架，内部改造后进行功能置换。如左岸地区的大磨粉厂等厂房改建成为巴黎第七大学的图书馆和行政中心，仓库改建为阶梯教室。[①]

（四）强化引导，营造全民参与保护的氛围

在文化遗产保护工作方面，法国政府十分注重民间组织的作用。其考虑仅凭政府的力量很难覆盖遗产保护的所有方面，因此积极发展各种民间保护组织，如基金会、协会等。不仅节约了大量资金，而且营造出全民参与遗产保护的氛围。据不完全统计，法国文化遗产保护相关的民间组织约有 1.8 万之多，这些组织大都由有一定专业知识的专家、学者和文物爱好者组成。相关数据显示，法国政府管理的重点文物仅占全部古迹的 5%，大多数为民间组织进行管理，这足以说明民间组织在法国文化遗产保护中的重要作用。

此外，一个重要的、很有创意的宣传手段是设立"文化遗产日"。1984 年开

---

① 李琰. 巴黎历史风貌保护对北京城市建设的借鉴［D］. 对外经济贸易大学硕士学位论文，2005.

始，法国定于每年 9 月的第三个星期天开展"文化遗产日"，这一活动旨在使参观者近距离接触、了解人类的文化遗产，从新的角度来认识文化遗产的深远价值。于是，1984 年 9 月的第三个星期天成为法国也是全世界第一个"文化遗产日"。经过 30 多年的广泛宣传和精心组织，人们参加遗产日活动的热情越来越高，越来越多的公民、私人协会、文化艺术团体乃至文学艺术赞助商都参与到这项文化事业中来。

（五）拓宽思路，多措并举筹集资金

法国古城保护资金主要来源于政府，并充分调动民间组织的力量，辅以企业家、个人的多方合作，将资金保障与立法制度相结合，建立多渠道、多层次的资金筹措方式。其经费主要来源于：政府专项补贴和税收等优惠政策；社会团体和个人的捐赠；产业化经营收入。

1913 年《保护历史古迹法》颁布以后，法国对文物建筑实行分级保护，政府的专项财政拨款也主要用于列级历史建筑的保护，资金比例高达 55%，并呈逐年递增的趋势。国家文化部每年用于巴黎市文物保护和文化发展的资金高达 1 亿法郎左右，如 1991 年为 1.37 亿法郎。此外，使古城的保护和旅游及文化产业之间形成良性互动，在确保古城文化遗产安全的前提下，对古城进行市场化运作，反过来再用市场运作的资金保护古城，这也成为法国古城保护资金的重要来源。例如，巴黎市政府出资 51% 的股份，与私营公司合资成立一个从事旧城改造的专业化投资公司，政府为该公司提供信用担保，该公司从银行贷款取得主要改造资金。[①]

在纳税方面，法律规定，向公众开放的国家文物免交房地产税，同时通过减税鼓励个人和企业单位资助文物保护事业。一些有实力的企业把赞助文物保护事业作为自己的职责和文化形象广告。例如，巴黎国家银行一直在出资保护各美术馆的油画；法国电力公司出资为卢浮宫和法国各地大教堂配置灯光设备；农业信贷银行支持乡村文化遗产的保护工作；等等。

---

① 冯振亚. 台儿庄古城法律保护研究 ［D］. 兰州大学硕士学位论文，2014.

第二节　京都——古风古韵，留文留魂

一、京都概况

位于日本关西的京都是著名的历史古城。公元794年，桓武天皇在京都建都，当时称作平安京。直至1868年明治天皇迁都到东京，这1075年间，京都一直是日本的首都，是世界史上连贯时间最长的首都。这座千年古都的最初设计是模仿中国隋唐时期的长安和洛阳，具有"东方传统文化博物馆"的美誉。京都还被称为"真正的日本"、"日本人心灵的故乡"，具有最浓郁的日本传统风情，是日本佛教文化的中心，共有佛寺1500多座，神社2000多座，大量保存完好的寺庙、神社古建筑构成了京都独一无二的城市风貌，每年吸引着大量虔诚的游客来这里祈福。

1994年，以京都市的文物为主，清水寺、金阁寺、银阁寺等17个寺院被列为世界文化遗产。世界遗产委员会评价："古京都仿效古代中国首都形式，建于公元794年，从建立起直到19世纪中叶一直是日本的帝国首都。作为日本文化中心，它具有一千年的历史。它跨越了日本木式建筑、精致的宗教建筑和日本花园艺术的发展时期，同时还影响了世界园艺艺术的发展。"

1997年，联合国气候变化纲要公约缔约方会议在京都举办，并通过了著名的《京都议定书》，《京都议定书》的通过使京都与防止全球气候变暖的进步事业联系在一起。

二、保护开发经验

（一）注重发挥立法的引领作用

日本对古城的法律保护较早，早在19世纪50年代的明治时期就开始注重对古城的保护。1897年，日本曾颁布《古社寺保存法》，此后又在1919年和1929年先后制定了《史迹、名胜、天然纪念物保存法》、《国宝保存法》。1950年，日本政府又将以上三个法令综合为《文化财保护法》（日语里，"文化财"是指"文物"），这使日本在保护历史文化遗产方面的法律体系初步得以完善。1966 年，日本出台了《古都保存法》，用以专门保护京都、奈良、镰仓等古都的历史风貌。《古都保存法》提出："保护位于古都的历史风土——作为国家固有文化的资产，国民在同等享受其恩泽的同时应完好地传承到后代。"

在国家《文化财保护法》、《古都保存法》的指导下，1981 年，京都制定了《京都市文化财保护条例》，结合自身特点进一步具体细化。突出两个特色：一是将文化遗产的保护和利用提高到了"未来"的高度，指出文化遗产是"未来文化创造的基础"，"现在和将来，都是提高和发展市民文化及地域文化的基础"；二是将文化遗产的保护作为全体市民共同的责任和义务，将市民作为主体，把文化遗产的保护和利用明确地定位为需要全社会共同努力的一项工作。

2007 年，京都市制定了《新景观政策》，将建筑控高区划由原来的 10 米、15 米、20 米、31 米、45 米改为现在的 10 米、12 米、15 米、20 米、25 米、31 米，对市区范围内的容积率和建筑高度做了大幅度下调。指标调整后地区的地价、房价和租金都有所上涨，反映了提升环境品质的意义得到了社会认同。

（二）注重保持历史传统风貌

京都作为千年古城，在城市整体规划中，必然要突出古色古香历史遗迹的风貌。对历史风貌的保护，京都人有种"斤斤计较"的精神。例如，世界著名企业麦当劳要在京都投资设店，却遭到了拒绝，原因是麦当劳带有红色建筑标志，与京都古城风貌不一致，被认为"具有破坏性"。后来经过几年反复谈判，才达成妥协方案：把分店外表建成咖啡色，既不红又不黑，与京都整体青灰色基本一致。例如，京都市地铁的工期一拖再拖，修了几十年才通车。原来在修路过程中多次发现了文物古迹，只得暂时停下来，制定出保护办法后才能继续施工。细节成就大业，足见京都各行各业保护历史风貌的责任感。

为保护市内景观文物，京都市从 2014 年 9 月 1 日起正式实施了新版露天广告牌条例，该条例对市内广告牌的尺寸大小以及颜色加以了严格的限制，对于继续违反条例的企业，采取公布企业名称以及强制拆除等措施，而且违规广告牌的改建以及拆除费用将由对应企业全额承担，并处以最高 50 万日元（约人民币 3 万元）的罚款。

（三）注重提升民众保护意识

日本把文化财界定为全体日本国民的财富，从这一概念引申出保护和活用文

化遗产不仅是各级政府也是所有国民的基本责任和义务的观念。普通国民对于文
化遗产所应承担的义务主要有：一是尽可能地向国家以及各级地方政府主导的文
化遗产保护工作提供协助。二是在发现遗址、遗迹时，及时向国家或地方有关机
关报告。三是在众所周知的可能存在埋藏文化遗产的地方发掘或施工时，应当首
先向国家或地方政府有关机关报告。四是以调查埋藏文化遗产为目的进行发掘
时，应该向国家或地方有关机关提出报告等。

　　为了进一步宣传文化遗产的价值和重要性，京都往往会成立一些财团法人或
其他社团法人，积极地进行信息交流和组织各类有关活动，诸如"京町家再生研
究会"、"木文化研究会"、"京都祇园祭的八幡山保存会"、"花祭保存会"等。据统
计，在京都研究保护遗产的民间团体有上千家之多，这些组织都是活跃在遗产保
护、继承与再生方面的主要力量。这种植根于公共参与的保护运动之所以能在日
本各地、各城镇扩展开来，也是因为无论是保护，还是再生，其规划设计的着眼
点都在如何使生活更美好、环境更宜人。

（四）注重旅游资源的持续开发

　　1978 年，京都市发表《世界文化自由城市宣言》，该《宣言》认为京都是一个
拥有古老文化遗产和优美自然景观的千年古都，要创造带动京都发展观光资源、
接收和发送观光信息、加强吸引国内外游客、着力招揽国际会议、热情对待游客
的制度，推进整个京都的观光产业发展。京都在旅游资源的开发上真正做到了物
尽其用，这主要体现在以下两个方面：

　　一是自然资源的合理利用。春季赏樱、夏季看绿、秋季觅红叶、冬季泡温
泉。在京都，一年四季都有美景。到了春天，日本遍地樱花，但各地的樱花品种
不同，京都也有其独特的樱花，加之在古朴典雅的建筑映衬下，樱花显得愈加美
丽。日本城市绿化率极高，任何时候都能看到绿色植物。泡着温泉，欣赏着四周
红叶或绿色植被，是何等惬意的生活。①

　　二是传统文化遗产的充分展现。京都的工艺品店、杂货店遍布城市的每个角
落。由于政府对传统文化持有者的保护，在这些店铺中既能买到具有历史价值的
器物，也能参与制作。另外，民众对传统文化的态度在旅游资源的开发中也至关
重要。京都几乎每月都有大大小小的传统集会，这些集会通常有数百年的历史，

---

① 刘星，许媛. 分析京都古城的保护 [J]. 城市旅游规划，2014（9）.

如祇园大会等重要场合，京都人会穿上和服，与游行的表演者一起享受传统节日带来的快乐。游客也会被当地人的热情所感染，钦佩京都民众对历史文化的崇敬之情。有趣的是，京都市还出台了一项与众不同的保护文化遗产的措施，规定凡是穿和服这一日本国服出门的女子可以享受优惠的待遇。如乘坐出租车能享受 9 折，购物可享受 9.5 折，逛公园一律免费。此举的目的在于呵护日本的根，其意义不言而喻。

据统计，2013 年到访京都的游客达 5162 万人，创下历史新高。其中，外国住宿客为 113 万人，首次突破百万大关。游客在京都的饮食、住宿以及土特产等消费额也创纪录地达到 7002 亿日元（约合人民币 427 亿元），可见《世界文化自由城市宣言》的实施、京都魅力的扩大宣传取得了显著成果。

第三节　苏州——规划引领，整体保护

一、苏州古城概况及特色

苏州，古称吴，又叫阖闾大城、姑苏、平江、东吴等。苏州历史悠久，在春秋时期是吴国的政治中心；西汉武帝时为江南政治、经济中心，司马迁称之为"江东一都会"（司马迁《史记·货殖列传》）；唐代是江南唯一的雄州；宋时，全国经济重心南移，陆游称"苏常（州）熟，天下足"（陆游《奔牛水闸记》），宋人进而美誉为"上有天堂，下有苏杭"，而苏州则"风物雄丽为东南冠"；明清时期又成为"衣被天下"的全国经济文化中心之一。

苏州是首批颁布的历史文化名城，是国务院唯一要求全面保护的古城。1997年，苏州古典园林被列为"世界文化遗产"；2001 年，源于苏州昆山的昆曲被列为"世界非物质文化遗产"；2014 年，中国大运河申遗成功，作为运河沿线唯一以"古城概念"参与申遗的城市，苏州古城申遗终于圆梦。一座城市同时拥有三项世界物质文化和非物质文化遗产，证明了苏州古城的历史文化价值。

综观苏州的典型特点，最主要有三个方面：古城、水城、园林之城。从古城的构筑历史，到古城的命脉所在，再到以园林为代表的文化遗存中表现出的人们对山水的理解，无不体现着苏州古城发展中人地关系思想的精华。

（一）古城

苏州是我国现存最古老的城市之一，而且建城后城址一直未变，著名历史学家顾颉刚先生认为："苏州城之古为全国第一，尚是春秋物。"公元前514年，伍子胥奉吴王阖闾之命构筑了当时的吴国都城——阖闾大城。伍子胥"相土尝水，象天法地"，以古城的水、陆城门扼守水、陆交通的制式，体现了古人在长三角这片低湿之地很好地处理了人类活动与水陆环境的关系，形成水陆结合、路河平行且相靠的双棋盘式城市格局，这个独特的格局至今尚存。苏州古城的规划与建设既代表我国古代城市规划的基本思想，也反映了水网地区规划的独特手法和成就。

公元1229年，苏州城经大规模修治后刻绘的《平江图》表现出的苏州城市格局与现今的基本相同，尤其是城郭与街坊道路的构成更是高度一致。这是我国现存，也是世界上至今发现的最古老而完整的城市规划图，具有极其珍贵的历史文化价值，已列为我国第一批国家级重点文物。

古城内历史建筑群以及城门、城墙、寺庙、会馆、楼阁、民居等有机地构成古老而美丽的城市立体空间图。这里，有淡雅朴素、粉墙黛瓦的苏州地方风格传统民居，以及幽深整齐的小街小巷、小型的庭院绿地，构成了古朴宁静的古城风貌。

（二）水城

苏州古城河道众多，水网密布，享有"东方威尼斯"的美誉。历代的苏州水系，干流与支流相配合，承担着宣泄雨水防洪排涝、生活用水方面的给排水、运输和军事防御等重任。城河系统完善发达，为数众多、形制各异的桥梁必定随之出现。苏州水城覆盖率达到41%，至今是全国城内河道最长、桥梁最多的一个水乡城市，现有河道35.28公里，桥163座，其中古桥大约70座。[①]城内河道纵横，街坊临河而建，居民依水而生，形成了"小桥流水人家"、"家家户户泊舟航"的水乡城市特色和风貌。

（三）园林之城

"苏州园林甲天下"反映了苏州园林在国内的地位。在苏州，园林的发展充

---

① 陈光明. 城市发展与古城保护：以苏州城保护为例［M］. 长沙：湖南人民出版社，2010.

分体现了古城的发展轨迹，也反映了苏州历来关注创新的特点。苏州园林历史悠远，始于春秋，发展于唐宋，全盛于明清。如宋代的沧浪亭、网师园，元代的狮子林，明代的拙政园、留园，清代的西园和怡园等，这些园林都是江南园林的代表，集中表现了我国园林建筑的艺术精华，是研究我国园林学、建筑学、人文学、美学、民俗学、生物学、环保学和哲学等的博物馆。例如，园林众多建筑物的匾额、楹联、书条石、雕刻、装饰上都有保存完好的历代书法名家真迹，这些艺术珍品有极高的文物价值。又如，苏州古典园林是宅园合一，既可居住，又可游览、观赏，是生活在人口密集和缺乏自然风光的城市中，居民向往大自然山水花木，美化和完善自身居住环境的发明创造，体现了我国江南水乡地区高度的居住文明。苏州园林不仅是祖国的优秀历史文化遗产，也是世界文化艺术宝库中的珍品。①

历史悠久的古城、人地和谐的水城、凝练精致的园林之城，使苏州古城具有极其重要的历史价值和保护价值。

二、保护与开发经验

自被评为首批国家历史文化名城以来，苏州政府不断加强和改进历史文化名城的保护与发展工作，在许多方面取得了卓越的成果。两院院士周干峙高度评价："原汁原味的古城呈现出惊人的升值潜力。苏州古城保护的成功，为这个城市保留了应有的文化品位，而文化品位反过来让这个城市升值。"

（一）以理念创新为先导，在价值观、使命感和保护观的统一上形成共同意识

古城保护需要全社会形成共识。应当指出，对于要不要保护，认识上基本是一致的。但是，在怎么保护、保护什么、保护多大范围、多大程度上，尤其当保护与经济发展及各种利益发生矛盾和冲突时，形成共识就不是一件简单的事情。面对这些情况，苏州市委市政府坚持以价值观、使命感、保护观统一认识、统一意志，在实践中形成强大的合力，走出了思想悖论和藩篱。

在价值观上获得共识：苏州古城是一个物质、精神、艺术融会贯通的整体。出于对古城价值观的理解，苏州人强烈地意识到，在全球化的背景下，古城的价

---

① 王颖洁，许京怀. 对苏州古城保护和发展的思考［J］.苏州铁道师范学院学报，2000（2）.

值更高，只有古城保护好，才谈得上发展好，才能给后人一个完整、无价的历史苏州。

在使命感上形成一致：当代人不仅要发展自己，更要为子孙后代造福。因此，当经济利益与古城保护发生冲突时，应自觉服从于、服务于保护，这已经成为苏州人的一种使命、一种责任。正是这种使命感，使苏州古城得以在工业化、城市化、信息化、全球化融为一体的快速发展时期，始终能够得到精心呵护。

在保护观上达到统一：古城是历史见证，也是生活场所，是人与物结合最为紧密的复合体。特别是像苏州这样面积大、人口多、经济活动繁荣的古城，古城保护就与一般的文物保护有很大区别，必须用创新、开放、国际化的理念，与时俱进，活态保护，有机更新，才能保证古城具有强劲的生命力。

（二）以科学规划为引领，把古城保护纳入法制化轨道

规划是龙头，规划是科学保护的前提。30多年的经验证明，苏州古城保护的实践，说到底是在法制化轨道上运行、在规划指导下的实践活动，意义深远。主要体现在三个方面：

一是坚持规划本身的科学性、系统性、可持续性、可操作性。做到"三抓"：一抓规划的编制。苏州古城保护规划体系健全，内容丰富。不仅有总规，还有详规、控规，并细化为多个门类的专题规划；不仅有古建筑和历史遗迹保护规划，还有历史街区保护规划；不仅有空间布局规划，还有项目业态规划；不仅有物质形态的保护规划，还有非物质形态的保护规划。二抓规划的修编。30多年来，苏州根据经济社会发展和古城保护的实际情况及时进行规划调整、完善和优化。2013年，苏州第五次编制名城保护的整体规划——《苏州历史文化名城保护规划（2013~2030）》，使之更加符合古城保护自身特征和规律，古城保护获得了更大空间，综合价值得到了全面提升。三抓规划的宣传落实。重点把古城保护的宣传、发动、落实贯穿到规划编制、实施、修编、督查的全过程。

二是把古城保护的规划条例转化为地方法规，强化其法律地位。30多年来，为落实总体规划，在无先验可鉴的情况下，苏州创造性地先后出台了一系列配套的详规、控规，并上升为地方性法规，初步形成了与古城保护大法相配套的、符合苏州实际的较为完善的古城保护地方性法规体系，强化了古城保护的法律地位和依法保护的权威性。如2003年12月，苏州市出台了旨在强制性保护古城内历史文化遗存的城市紫线管理办法，这是国内第一个出台该规定的城市。

三是狠抓督查落实。在制度建设层面，苏州成立了历史文化名城名镇保护管理委员会，建立了文物保护管理责任书制度，建立了规划、文物、建设、园林等相关部门的会审会签制度，建立了监察、监测队伍，依法监督检查，以确保古城保护规划的落实。在社会舆论方面，充分发挥新闻媒体、专家学者以及全社会的监督作用。2015 年 7 月，苏州成立了古城保护专家咨询委员会，仇保兴、程泰宁、阮仪三等七位国内古城保护知名专家担任委员，进一步提升了苏州在古城保护方面的科学决策水平。

（三）以全面保护为主线，延续古城总体风貌和历史文脉

苏州的成功实践在于，努力在整体上把握传统风貌、历史街区和历史遗迹的完美统一。传统风貌是古城的神韵，历史街区是古城的形体，历史遗迹是古城的血肉，三者形神兼备，有血有肉，共同组成完整的苏州古城三维空间。

1. 全面保护古城风貌

全面保护古城风貌，不仅是国家对苏州古城保护的总目标、总要求，也是苏州区别于其他国家历史文化名城最显著的特征。对此，苏州人严密把控、精益求精。

在布局上，苏州始终保持"三横三竖加一环"的水系及小桥流水的水巷特色，保持"前街后河、河街并行"的双棋盘格局。30 多年来，不论经济如何发展，从不轻易改变历史遗存的格局，从不轻易扩建老街和改变河道，不仅如此，而且通过实施环古城河整治、街巷环境交通整治、古城墙修复、城内外活水工程等，使古城的神韵得以留存。

在建筑控制上，努力发挥苏州古城环境空间处理艺术特色，古城内始终严格控制新建筑的高度。在目前全国 129 个历史文化名城中，苏州全面保护古城风貌最突出的一点，就是苏州古城内新建建筑高度得到完全控制。2003 年，苏州市政府公布了《苏州市城市规划若干强制性内容的暂行规定》，将控制古城容量和高度等的要求具体为规划管理的操作要求，从而有效确保古城特色，至今在苏州古城范围内没有一幢建筑突破相关规定。

在建筑风貌上，始终保持传统建筑形制、风格与纹理，保持了"黑、白、灰"的建筑立面色彩，"素、淡、雅"的色彩基调特色，在"保、拆、修、建"的统筹中保持了古城传统的建筑风貌特色，使古城空间环境特别和谐、亲切宜人。

2. 整治更新历史文化街区

以重点历史文化街区为切入点，进行整体保护整治、更新利用，这是苏州古城保护的一大特色。苏州的基本做法是：其一，重点保护。在整体保护的前提下，对区域内的重点地段、重点建筑进行严格的保护和修复。其二，适度更新。在不改变整体历史风貌的情况下，对区域内的一些建筑进行更新。其三，改善基础设施。除了建筑物内部设置卫生间、厨房，安装空调等设施外，街区也增添了一些基础设施，如停车场、公共卫生间、垃圾桶等。其四，保持原住民。原住民的生活是历史街区得以活态保护的关键，在疏解街区人口密度时，有计划地保留适当比例的原住民。其五，保护"非遗"文化。民间工艺、传统艺术等"非遗"文化是历史街区得以延续的重要内容，苏州在历史街区保护中大力推动"非遗"利用与开发，实施"活态"保护、生产性保护，通过市场机制促进了历史街区的保护，增强了历史街区的活力。

3. 恢复历史遗迹

对于数量众多的单体历史遗迹，苏州坚持按照有关法规的原则，采取"修旧如旧"的方式，以彰显历史本色。苏州的主要做法是：其一，分类评估。对历史遗迹进行分类评估，分层指导，决定其等级价值，决定哪些需要保护，哪些需要更新，保证保护的科学性，实现保护与发展的辩证统一。其二，严格保护。对于文物遗迹，按照原真性、完整性原则，修复了大量古典园林和文物古迹，保持和凸显了苏州园林城市的特色。其三，合理利用。最好的保护是利用而不是冻结，赋予一个合理的用途是最好的保护方法。其四，依法有序开发。重在调动保护和利用优秀历史遗存的积极性。

（四）以抢抓机遇为动力，优化提升古城功能

多年来，苏州主动创造和抓住一些重大机遇和契机，扩大古城影响力，完善优化城市功能，实现古城的复兴。其中影响力较大的有以下几个：

1. 推动苏州古典园林和古城申遗成功

1993 年苏州启动古典园林申报世界文化遗产工作，把申报世界文化遗产作为一个促进园林永续保护、管理、利用的契机，尽全力保护古典园林的完整性，体现出原汁原味的苏州古典园林。1997 年 12 月，苏州古典园林申报"世界文化遗产"成功。苏州借势发挥，把叠山、理水、建筑、花木这四大造园要素广泛运用于城市建设与景观设计中，苏州园林文化对整个城市环境的影响和渗透不断加深，"假山假水城中园"格局更加凸显。苏州古城两翼的工业园区和高新区，在开发建设中移植、借鉴造园技艺，利用自然山水优势融入园林建设理念，构造出"真山真水园中城"的整体区域景观。

2004年6月，苏州正式启动古城申遗，但由于名额有限，古城申遗困难重重。在古城申遗"山重水复疑无路"的情况下，苏州决策者积极寻找新机遇，走出"柳暗花明又一村"的新路径。2008年3月，中国大运河保护和申遗正式启动，苏州不失时机地将苏州古城核心点段进行"打包"，将其列入申遗范畴，使苏州古城申遗项目搭上顺风船。2014年6月，中国大运河被列入世界文化遗产名录，苏州古城申遗终于梦圆。

推动苏州古典园林和古城申遗成功，具有重大意义。首先，苏州在海内外的知名度、影响力将得到进一步提升。其次，苏州古城保护逐步与国际遗产保护水准接轨，从而融入国际遗产保护的平台，这对苏州遗产可持续保护具有十分重要的促进作用。最后，通过"申遗"，苏州城市文化发展战略将获得一个更高的平台。苏州之所以能走到对外开放的前列，能成为国内外旅游者的首选地之一，文化软实力是一个重要因素。申遗成功可以促进"世界了解苏州"，使文化优势成为"让苏州走向世界"的重要砝码。

2. 承办第28届世界遗产大会

2004年6月28日至7月10日，苏州抓住千载难逢的机遇，承办联合国教科文组织第28届世界遗产委员会会议。这是世界遗产大会第一次在中国举办，也是新中国成立以来我国政府承办的规模最大、规格最高的一次联合国教科文组织会议，来自105个国家、地区和机构的500多名代表参加了会议。

大会取得了圆满成功，精致的园林，委婉的昆曲，华美的丝绸，可口的苏式菜肴，巧夺天工的刺绣……来宾们全方位地品味苏州非同一般的魅力。联合国教科文组织评价，在中国举办的此次大会是"会期最长、参加人数最多和组织得最成功的一届大会"。

通过筹备承办世遗会，苏州的交通设施、场馆建设、通信、安全保卫、外事礼仪、服务规范、城市公共卫生、城市管理、会展、文化娱乐等方面都上了一个台阶，有力地促进了苏州的改革开放和文明城市建设，对苏州走向世界起到了不可估量的作用。苏州古城保护事业开始在全球重大国际舞台上亮相，成为苏州城市国际化的一个新起点，为苏州从"中国的苏州"蜕变成"世界的苏州"铺垫了基石。

3. 多个重大国家级品牌创建活动

苏州注重国家级品牌创建活动，不仅促进了重大基础设施项目的投入和城市环境的优化，而且很好地带动了古城的保护，并取得了实效。如先后开展的创建国家卫生城市、国家环保城市、国家园林城市、国家生态园林城市、国家生态城市、国家文明城市等活动，通过保护与创建相结合，使古城生机盎然，古城文明的综合水平不断提升，取得了显著的经济效益、社会效益和环境效益。

4. 苏州重大行政区划调整

重大行政区划调整，是苏州古城保护的重要机遇和契机之一。苏州注重抓住这些机遇，通过行政职能的改革和变化，来推动古城保护。如20世纪80年代的地市合并，推出了古城建城2500周年、城市规划编制、文物保护等活动；90年代新区、园区行政管理单位的设立，不仅优化了苏州的城市空间布局，也推动了古城新一轮的基础设施改善、文物古迹保护、工厂搬迁、人口流动等工作；21世纪后，结合吴县撤市建区、吴江撤市建区、姑苏区设立等行政区划调整，形成了"一核四城"的新城市格局和战略目标，为古城保护确立了一个又一个更高、更新的历史起跑线。

2012年10月，苏州国家历史文化名城保护区正式成立。这是政府公共管理职能的重大改革创新，古城保护职能由分散在三个区，集中到国家历史文化名城保护区、姑苏区，统一组织领导，这被有关专家评价为古城保护的"苏州模式"。国家历史文化名城保护区、姑苏区明确了"四区四高地"的发展思路，即以"历史文化保护示范区、高端服务经济集聚区、文旅融合发展创新区、和谐社会建设样板区"作为发展总定位，着力打造文化高地、旅游高地、科教高地、商贸商务高地，研究出台苏州国家历史文化名城示范区行动计划，开创了古城保护的新局面。

（五）以资金投入为保障，焕发古城生机和活力

从1980年到2015年的36年间，苏州市地区生产总值从40.68亿元增长到1.45万亿元，增长了355倍，总量位列全国地市级第2位（仅次于深圳）；地方公共财政收入预算收入从9.45亿元增长到1560.8亿元，增长了164倍。正是苏州城市经济的高速发展为古城保护提供了较为充足的资金保障，从而使得环古城风貌带得到了保护，大批园林与古建老宅的修复和利用、城市道路管网的整治和

交通的改善以及城市河道的治污等一系列重大工程得以展开，古城的风貌得以改观，古城保护利用的空间得以拓展。30 多年来，苏州采取政府指导、社会参与、多元投入的方法，使古城保护焕发了活力。

一是政府加大资金投入。30 多年来，苏州市政府每年都安排一定的文化遗产保护专项经费，不断加大保护资金投入，修复了大批文物古迹、古建老宅、古桥、古井、古城墙等，全面开展了古运河、古河道、历史街区的综合整治。从 2016 年始，市财政每年专门设置 2 亿元用于古城保护，另外安排 5000 万元资金引导古城内产业转型升级。

二是鼓励社会各界参与。苏州市政府制定和出台相应的法规，鼓励和支持社会各界参与文化遗产保护。2003 年出台《苏州市区古建筑抢修贷款贴息和奖励办法》，按规定，经文物部门认定的民资介入古建筑保护有功者，政府将予以贷款贴息或奖励，其中政府贴息额度为 50%，奖励的最高标准为工程维修总额的 10%。社会化参与从侧面反映了苏州社会文明的进步。

三是着力在体制上创新。苏州古城中有大量公房古民居，在保护上如何向社会开放，一直受到制度制约和束缚。苏州经过多年积极探索，勇于突破制度瓶颈，于 2004 年出台《苏州市区依靠社会力量抢修保护直管公房古民居实施意见》。意见明确，允许和鼓励国内外组织和个人购买或租用直管公房古民居，逐步实行产权多元化。在政府指导下，市场化运作的水平越来越高。特别是近几年来成立了苏州市文化旅游发展公司，充分发挥国有资本的优势，带动了民企、民资的参与，建立起了一个多元化参与古城保护的市场化平台。①

---

① 汪长根，周苏宁，徐自健. 现代化进程中的古城保护与复兴——苏州古城保护 30 年调研报告［J］. 中国文物科学研究，2013（4）.

第四节 丽江——文化搭台，旅游唱戏

一、丽江古城概况及特色

丽江古城又名大研镇，位于云南省西北部，始建于宋末元初，距今已有 800 多年的历史，是南方丝绸之路和茶马古道上的重镇，滇西北重要的商贸中心和物资集散地。丽江古城是一座风景秀丽、历史悠久、文化灿烂的名城，也是中国罕见的保存相当完好的少数民族古镇，汉、纳西、藏、白等各民族和谐相处，文化共融。至今，古城内依然居住着原住居民 6200 多户、25000 多人，其中纳西族占 70%。

1986 年 12 月，丽江由国务院正式公布为历史文化名城。

1997 年 12 月 3 日，联合国教科文组织在意大利那不勒斯召开的世界遗产委员会 21 届大会，决定将丽江古城整体列入《世界遗产名录》。世界遗产委员会对丽江评价："云南省的古城丽江把经济和战略重地与崎岖的地势巧妙地融合在一起，真实、完美地保存和再现了古朴的风貌。古城的建筑历经无数朝代的洗礼，饱经沧桑，它融汇了各个民族的文化特色而声名远扬。丽江还拥有古老的供水系统，这一系统纵横交错、精巧独特，至今仍在有效地发挥着作用。"

2003 年 7 月，包括丽江、怒江州、迪庆州部分地区的"三江并流"自然景观列入联合国教科文组织的《世界遗产名录》；2003 年 9 月，纳西族东巴古籍文献被列为世界记忆遗产。至此，丽江拥有三项世界级自然文化遗产，分别是世界文化遗产——丽江古城、世界自然遗产——三江并流保护区、世界非物质文化遗产——东巴古籍文献。

2007 年 10 月，在联合国教科文组织曼谷会议上，丽江古城荣获"联合国教科文组织亚太地区遗产保护优秀奖"。

2015 年 7 月 13 日，丽江古城成为国家 5A 级旅游景点。

丽江古城以其独特的自然底蕴、文化魅力、历史气息以及迄今为止仍保留着的生活环境、生活方式，吸引着中外游客趋之若鹜。其主要特色有：

（一）古城风貌整体保留完好的典范

丽江古城依山傍水，古城周围群山环抱，坝子北部的玉龙雪山终年积雪，气势磅礴，坝子内河流、泉、潭形成丰富的水系。鲜活的城市空间，充满生命力的水系，风格协调的建筑群体，亲切宜人的居住环境，以及独特风格的民族艺术内容，集中体现了特定历史条件下传统建筑中人类的创造精神，是人居环境的典范。

（二）神秘的纳西东巴文化

纳西族自远古时期就创造了一种独特的民族文化，因其主要保存于纳西族宗教东巴教中而得名。东巴文化主要包括东巴文字、东巴经、东巴绘画、东巴音乐、东巴舞蹈、东巴法器和各种祭祀仪式。

东巴文化内容涵盖纳西传统文化的方方面面，是千余年纳西传统文化的深厚积淀，向世人呈现了人类远古文明的完整形态，为研究中华民族文化提供了许多有价值的古老文化演变规律。由于丽江地处多民族、多种宗教的边缘区，东巴文化呈多种宗教、多种文化的多元特性，在民族学、人类学、历史学、社会学、宗教学、文化学、文学、艺术等领域具有特殊的研究价值。

（三）天人合一的建筑艺术

丽江古城建筑艺术集中体现了纳西族的智慧和文化精神，凸显和保持了它与自然亲近的本色，古城民居、古城道路、古城街巷、古城桥梁等从不同角度展现了丽江古城建筑艺术的特色和内涵。

（1）古城民居。丽江古城中大片保持明清建筑特色的民居建筑，从具体建构来看，材料大多为土木结构，建造时没使用一枚钉子，完全利用穿斗式木结构的功能。形式有"三坊一照壁，四合五天井，走马转角楼"式的瓦屋楼房，既讲究结构布局，又追求雕绘装饰，外拙内秀，玲珑精巧，被中外建筑专家誉为"民居博物馆"。

（2）古城道路。古城的青石板路是古城悠久历史文化的显著印记，青石板路面上有五颜六色的图案，像是由众多不同色彩的小石头融聚而成，这是采用当地产的一种天然石料——五花石铺成的。石板路耐磨、耐踏，经过几百年风雨，见证了茶马古道的历史。

（3）古城街巷。设计成八卦状的古城街巷，好似迷宫，但只要沿绕街穿巷的河渠逆流而行，便可找到出口。顺水依山是古城街巷建筑的规律。四方街是丽江古街的代表，以彩石铺地，清水洗街，四周六条五彩花石街依山随势，辐射开去，街巷相连，四通八达，置身其中，令人仿佛步入"清明上河图"的繁华之中。

（4）古城桥梁。在丽江古城区内的玉河水系上，飞架有 354 座桥梁，其密度为平均每平方公里 93 座，每座桥都在诉说历史沧海桑田的变迁，每座桥都尽添古镇典雅秀丽的风韵。

二、古城保护与开发中的丽江模式

改革开放以来，丽江走出了一条文化与旅游相结合之路，把保护、传承与科学开发、利用传统文化有机结合，旅游产业异军突起，成为丽江经济发展的一支生力军。

1985 年，丽江旅游业开始起步，当年有 28 个国家的 435 名外国游客到丽江旅游，到 1992 年外国游客已达 12517 人。发生大地震的 1996 年丽江的游客总量首次突破百万人大关，达 106.27 万人次。到 2000 年，游客总量已达 258 万人次，旅游业总收入达 13.44 亿元，而且仍然保持着逐年递增的强劲势头。如表 2-1 所示。

表 2-1　丽江近年旅游发展相关统计数据

年份	年游客接待量（万人次）	境外游客（万人次）	旅游总收入（亿元）
2012	1001.18	71.44	132.89
2013	1237.86	80.72	164.94
2014	1731.17	92.68	238.38

丽江古城旅游的发展，带动了餐饮、旅馆、交通、购物等配套行业的全面发展，旅游从业人数约占总就业人数的一半，居各行业之首，以旅游业为龙头的第三产业占 GDP 的比重达到了 60% 以上。旅游业的兴起还带动了丽江基础设施与城市建设的发展：丽江建成了云南第二大机场，年吞吐量 500 万人次；丽江至昆明高等级公路全线贯通；云南的第一个五星级酒店在丽江拔地而起；城市建成区面积从 6 平方公里扩展至 20 平方公里……

与此同时，许多濒临失传的纳西族文化也在旅游业的带动下开始复苏并融入市场，得到了"新生"与"重构"。例如，洛克故居的开发，白沙壁画的修复，纳西古乐、东巴歌舞等民间艺术的复活，以及打铜、制陶、民族服饰等传统手工业的复兴等。① 2015 年，全市文化产业增加值达 16.8 亿元，占同期 GDP 的 5.8%。

2001 年 10 月，联合国教科文组织亚太地区文化遗产管理第五届年会在丽江召开，丽江文化遗产保护、文化产业与旅游产业共同发展的经验，被与会的中外专家誉为"丽江模式"，成为世界遗产保护典范在亚太地区进行了推广。

文化与旅游的互动结合，是丽江旅游的一个主要特征，也是"丽江模式"的基本特征。旅游以文化为灵魂，构成了丽江独特的魅力，从而成为旅游要素中最为核心的主题。文化以旅游为载体，通过旅游这个产业得以彰显，继而通过旅游反哺文化的传承、保护、创新。二者的良性互动共同撑起了丽江品牌，丽江文化产业依托旅游业而兴起，旅游业依靠文化而升华；文化在旅游业中找到了商机，增添了活力；旅游业通过文化的注入，其内容得到丰富和拓展，档次得到提升，魅力得到增强。

三、丽江模式的经验

丽江是中国世界文化遗产的一个品牌，"遗产带旅游，旅游促保护"的丽江模式无疑是一条可持续的发展之路。丽江模式的成功得益于其本身的自然特质，更得益于丽江政府因势利导，在保护和开发之间把握了一个平衡点。丽江模式的成功经验主要是建立了五个体系：

(一) 物质文化遗产保护体系

丽江古城的建筑、水系、街道、广场等构成了古城的物质文化价值。多年来，丽江多措并举，加强与遗产地各利益相关者之间的合作，对古城的保护采取分级分区"点"、"线"、"面"结合的方法，切实加强对历史遗迹及传统民居建筑等古城主要构成要素的保护。

1. "面"的保护

确定保护等级，进行分级控制和采取维护、修复和重建等相应的保护措施。古城的保护区分为绝对保护区、严格控制区和环境协调区三级。

绝对保护区，即反映古城风貌特色的主要部分，全面保护传统风貌，主要空间尺度保持不变，同时，逐步改善环境质量，完善设施水平。

严格控制区，即绝对保护区外古城范围及黑龙潭公园，基本保护传统风貌，

---

① 安定.困境与出路——西部中小历史文化名城保护现状研究 [D].天津大学博士学位论文,2005.

空间、尺度可稍有变化，该范围内与古城功能、性质有冲突的单位搬迁出古城。

环境协调区，即古城外约 100 米的环境协调区，大体保持传统风貌。新增建筑要有传统民居的韵味，要和古城相协调，以维护古城外围环境的完整性。

2. "线"的保护

"线"的保护包含街巷的保护和水系的保护两个方面的内容。

街巷的保护。保护原有道路的空间线型及尺度，街巷以商业步行街为主，必要时微型急救车、消防车能进入街区；原有街巷年久失修的，加以修整，路面仍以五花石铺砌，保持质朴而浓郁的地方特色；沿街建筑的保护以维护和加固为主，不得随意拆除或重建，以保持原有丰富的景观轮廓线，保护主要道路节点的空间尺度和外围环境。

水系的保护。严格规定不得改变现状河、沟、渠、井系统，现有水系严禁覆盖、改道、堵藏、缩小过水断面，占用或围入私院内。建设排污管道，严禁向河道排放污水和倾倒垃圾、废土，定期疏清河道。河道两侧空地种植柳树，以改善沿河道绿化，增强景观效果。恢复挡水清洗路面的传统习惯（即居民以水洗街，只要放闸堵河，水溢石板路面顺势下泄，便可涤尽污秽，保持街市清洁）及"三眼井"的用水方式（即利用地下喷涌出的泉水源，依照地势高差修建成三级水潭，头塘饮水、二塘洗菜、三塘洗衣，清水顺序而下，既科学又卫生）。

3. "点"的保护

传统民居院落的保护。依据民居院落在历史、科学、文化、艺术价值上的高低及民族及地方特色的浓郁程度，对古城民居进行了实地考察，将其中的 46 个院落划为重点保护民居，66 个院落划为保护民居，由政府挂牌保护。2002 年 10 月，丽江古城与全球文化遗产基金会合作，双方共同出资，分期分批对丽江古城内的传统民居进行补助修缮。到目前为止，共完成了具有历史文化保护价值的 299 户传统民居、236 个院落"修旧如旧"的恢复性修缮工作。

文物古迹的保护。对列入文物保护的地区，逐步拆除区内所有的新建筑，恢复部分历史性建筑及设施，重点保护文物古迹自身及周围环境。

古桥的保护。古桥上禁止行驶拖拉机等机动车，严禁对古桥的人为破坏，同时定期维护修缮古桥。[①]

---

① 任洁. 丽江古城保护及可持续发展——浅谈丽江城市建设中的古城保护 [J]. 四川建筑, 1999 (2).

（二）民族文化原真性保护体系

民族文化是丽江古城的血脉、根基、灵魂。多年来，丽江古城保护管理部门加大资金投入，保护、挖掘、创新、发展民族文化，建立了民族文化原真性保护体系，保留和提升了古城的文化内涵，进一步赋予了古城旺盛的生命力。

一是实施惠民政策，千方百计留住原住民。为了让丽江古城保留住它的原真性，丽江市政府出台规定，原住居民在古城内居住的，每人每月可领取15元生活补贴。同时，通过采取对住房困难的居民户优先安排公房及廉价租屋，安排古城下岗失业、社会困难人员到服务性岗位等便民惠民措施，提高原住居民生活质量。2004年，丽江成立了古城便民服务中心，免费为古城居民日常用品的运输提供服务，降低了古城居民的生活成本。

二是建立"准营证"制度，整治古城旅游环境，保证原住民就业机会。2003年开始实施的"准营证"制度可以说是我国第一个在城市遗产区内实行的经营活动准入制度。通过该制度，除了对古城内经营活动的位置、内容、形式等进行规范，保证对世界遗产地物质空间的保护，同时还明确规定：所有经营户，从业人员有5人（含5人）以上的，本地居民应占总人数的70%以上；5人以下的至少要有一名本地居民。"准营证"制度实施以后，原住民申请开展具有地方传统民族特色的经营得到了很大鼓励。①

三是专项资金扶持，打造民族文化品牌。修复名人名居院落，恢复古城茶马古道马帮景观以及民族打跳、用河水冲洗街道、放河灯等传统民俗活动，并接纳、支持、鼓励本土文化名人在古城内从事民族文化传承、弘扬、展演活动。从2008年开始，每年安排1000万元专项资金，加强对东巴文化、纳西古乐、民间工艺、传统服饰、节庆习俗的收集整理、保护传承。对从事传统民族文化展示、传统手工艺品经营、传统产品制售的门店实行特许经营、挂牌保护、资金支持。目前，在古城内已有"纳西古乐"、"东巴宫"、"东巴文化传承院"等一大批民族文化传承展演经营门店，营造了良好的人文环境。

四是成立丽江文化研究会、纳西文化研究会，团结动员有识之士，组织一切力量推动民族文化的大发展。近年来，丽江本土专家学者从不同的角度共计出版

① 邵甫.遗产保护和社会发展政策初探——以世界文化遗产丽江古城保护政策为例[J].世界遗产，2012（3）.

著作 500 多种，对东巴文化及纳西文化进行了深入的研究和探索。同时，广泛组织开展国际性和全国范围的东巴文化学术研讨和交流活动，多次到瑞士、美国、德国、加拿大、英国、意大利等国家进行东巴文化学术交流和研究合作。

（三）保护管理资金支撑体系

保护好遗产，投入是关键。与国内其他遗产地一样，丽江古城也面临着保护管理资金严重匮乏的局面。为了切实解决保护经费问题，实现以旅游业收入反哺古城保护的目的，丽江古城从 2001 年起对到古城旅游及从事其他活动的人员开征古城保护费。2014 年古城维护费征收入库 3.39 亿元，是开征年的 22 倍。从2002 年 3 月至 2014 年底，共征收古城维护费 24.13 亿元，这些资金全部投入到古城的保护管理中。①

丽江还不断拓宽资金筹集渠道，建立了政府收费与银行贷款相结合的资金支撑体系。推进了债券发行工作，协助国信证券有限公司于 2012 年 8 月成功发行了 7 年期 7 亿元的企业债券，为实现古城的有效保护与管理提供了强有力的资金支持。

（四）保护理念宣传教育体系

一是强化古城保护宣传教育。多年来，丽江通过广播、电视、报纸、互联网等媒体，全方位、多角度宣传古城保护管理知识，掀起了以"爱我古城、保护古城"为主题的宣传教育活动高潮，使古城保护管理知识深入人心、家喻户晓，增强了全社会保护古城的意识。加强对古城居民、商户从业人员和游客的遗产保护法律法规、文明行为习惯和民族文化知识的宣传教育，不断增强他们自觉参与和支持古城保护管理的意识，营造古城保护的良好环境。

二是拓展旅游文化产业对外宣传工作。丽江市政府已经与新华网、新浪网、人民网等国内具有重要影响力的门户网站合作，运用网络平台对外推广丽江优秀的旅游资源与民族文化资源。凭借优美多样的自然景观，丽江市政府积极邀请并对剧组给予相关支持，丽江成为《一米阳光》、《玉观音》、《木府风云》等多部优秀影视作品的拍摄地，在影视作品取得票房与收视好成绩的同时，丽江的知名度也随影视作品的播出而提高。

---

① 和仕勇.丽江古城科学保护管理的实践 [J]. 创造，2015（7）.

（五）世界文化遗产监测体系

世界文化遗产监测是指根据《保护世界文化与自然遗产公约》，对世界遗产地的保护状况定期进行全面的专业检查、审议和评估，向世界遗产委员会提出详尽的报告。监测反映出缔约国的遗产保护水平，关系到遗产所在地的国际形象。

2012 年 5 月，国家文物局将丽江古城列入"世界文化遗产监测试点"，推进遗产监测预警系统建设。"丽江古城世界文化遗产监测预警系统"是目前国内外遗产保护管理领域最前沿的集科研与应用于一体的系统平台。该系统的建成，实现了对丽江古城世界遗产本体（建筑、桥梁）、公共空间（广场、街道）、环境（水质、气象）、游客量、噪音等的全面自动化监测和预警，提升了丽江古城保护管理水平，是我国世界文化遗产保护科学化、标准化的一个重要成果。

2016 年 3 月，丽江对古城 144 个各级文保单位、重点保护民居、保护民居进行遗产本体数据采集，对这些古建筑通过 3D 扫描进行实景复制，就算是足不出户，也可以随时监测到这些建筑的变化。当遇到一些不可预见的灾害时，还可以作为修复建筑、修缮房屋的审批维修依据。[①]

第五节　平遥——保护旧城，另辟新城

一、平遥古城概况及历史价值

平遥古城位于山西省中部平遥县内，始建于西周宣王时期（公元前 827~前 782 年），因西周大将尹吉甫驻军于此而建，距今已有 2700 多年的历史。

明朝初年，为防御外族南扰，始建城墙。康熙四十三年（1704 年），因皇帝西巡路经平遥而筑了四面大城楼，使城池更加壮观。在明清两代 500 余年间，平遥城墙历经 26 次修葺增补，形成了现存的规模。平遥城墙总周长 6163 米，墙高约 12 米，将平遥县城分隔为两个风格迥异的世界。

---

① 和仕勇. 依循守旧　护古维新　世界文化遗产可持续发展丽江古城案例 [J]. 中国长城博物馆，2012（3）.

1986 年 12 月，国务院正式公布平遥古城为历史文化名城。

1997 年 12 月 3 日，联合国教科文组织在意大利那不勒斯召开的世界遗产委员会 21 届大会决定将平遥古城整体列入《世界遗产名录》。联合国教科文组织世界遗产委员会评价："平遥古城是明清时期中国汉民族城市的杰出范例，保存了这一时期所有的风貌特征，是一幅展示中国历史上非同寻常的文化、社会、经济及宗教发展的完整画卷。"

2009 年，平遥古城被世界纪录协会评为中国现存最完整的古代县城。

2015 年 7 月 13 日，平遥古城成为国家 5A 级旅游景点。

平遥古城见证了历代兴衰，对研究中国古代城市变迁、城市建筑的发展具有重要的历史价值、艺术价值和科学价值。其主要特色有：

(一) 平遥古城明清风貌保存完整，是中国古代县城的珍存孤例

平遥城墙设计周密，挺拔壮观，依据古代"龟前戏水，山水朝阳"来进行选址，"以险制塞"之传统修筑，数百年来历经风雨侵蚀、战火硝烟，依然坚固如初，是长寿永固的"龟城"。整个城池布局对称，特色鲜明，以市楼为中心，以南大街为轴线，形成左城隍、右衙署，左文庙、右武庙，东道观、西寺庙的封建礼制格局。

方圆 12 华里的古城墙内，有 20 余座古寺庙，完好地保存了 220 多家古店铺，拥有 3798 处具有保护价值的古民居，其中保存完整的有 448 处。平遥古城基本保存了明清时期的完整风貌，被许多专家学者誉为古代县城的活标本。

(二) 平遥古城文物遗存集中丰富，是中华灿烂文明的实物载体

经过数千年的历史变迁，平遥古城留下了各个时期不同的文化印记，建筑文化、寺庙文化、宗教文化、吏治文化、儒学文化和民俗文化等多种元素共同构成了古城的文化特色。古城保存了五代、宋、金、元、明、清各个历史时期的文物珍品，有国内保存最为完整的古城墙，有被称为中国民族银行业"鼻祖"的日升昌票号，有被誉为"东方彩塑艺术宝库"的双林寺，有国内现存最古老的木构建筑之一镇国寺，还有文庙、武庙、城隍庙、清虚观、财神庙、古村落等。文物数量之多、品位之高，在全国堪称弥足珍贵，这些文物古迹是平遥古城的核心文化、精髓文化、传世佳作，也是平遥古城历史文化最为耀眼的亮点。

(三) 平遥古城商业金融曾经繁荣一时，是近代银行业发展的历史见证

平遥古城是晋商发祥地，平遥票号是中国金融发展史的重要里程碑。早在明代，平遥就已是繁华的商业中心，店铺林立，商贾云集，素有"小北京"之称。清中叶，公元 1823 年在平遥诞生了中国第一家票号"日升昌"，成为中国民族银行业的鼻祖，带动了平遥票号的蓬勃发展。在鼎盛时期，平遥县城拥有全国近半数的票号，且都是总号所在地，成为叱咤商界、称雄金融的山西票号的主流。当时的平遥古城，实际上已成为全国的金融中心。商业金融的鼎盛和发展，为平遥创造了长达数百年的世纪性繁华和富庶，成为古城繁荣的强大支柱。古城南大街风韵犹存，被誉为清代"华尔街"。号称"汇通天下"的日升昌票号以其超前的经营理念和模式吸引了众多金融界人士前来参观与考察。[①]

二、保护和开发经验

近几年来，平遥在古城保护、旅游开发、城市建设方面取得了明显的成效，平遥古城之所以能够发生翻天覆地的巨大变化，关键是顺应客观规律，以科学的态度看待古城的保护与可持续发展，使古城保持旺盛持久的生命力。平遥古城保护和开发的主要经验有：

（一）拓空间，跳出古城建新城

一是精心编制城市规划。20 世纪 80 年代初，上海同济大学阮仪三教授牵头编制了《平遥县城市总体规划》。这个规划的核心是，在古城的西南两面，另建一个新区。城市建设方针是"新旧决然分开，确保老城，发展新城"。在城区内划分了重点保护区、一般保护区和改造迁出区三个等级的保护地区。这个规划在古城将要遭到建设性破坏的紧要关头，挽救了平遥古城。其后的历次规划都是在此基础上进行的修订，都遵循"古城保护是城市发展的前提和核心，新城开发是古城保护的基础"的原则，从城市功能、产业、规模、空间、风貌特色等多方面进行了古城的发展定位，使古城保护与新城开发具有互动性、有机性。

二是实施古城内单位和人口搬迁工程。1998 年以前，古城内有近 5 万常住人口，多数党政机关和企事业单位聚集在古城内，超负荷的人口密度给保护古城、管理城市及发展旅游带来了很大的困难。1997 年底，县委、县政府、人大、政协率先迁出了古城，至 2015 年共带动 80 余个机关和企事业单位搬出古城，彻底关闭了古城周围上百家污染企业，直接或间接带动古城内 2 万多人口外迁，古

---

① 赵琴玲. 平遥旅游产业可持续发展研究 [D]. 山西财经大学硕士学位论文，2011.

城内人口减少到现在的 2.7 万人，为保护古城创造了宽松的条件。

三是全面恢复历史风貌。平遥县始终坚持"保护为主，抢救第一"的原则，不断加大对古城墙、古街巷、古民居及其保护区的保护力度。1997 年以来，平遥县把传统建筑修缮列入古城保护的重要议事日程，采取"谁维修，谁受益"的措施，实行政府、单位、个人多措并举的方法，大力开展古城传统建筑的修缮保护工作，先后完成了县衙署、城隍庙、财神庙的整修复原和票号、老字号院落的修缮保护。同时，政府和全球文化遗产基金会合作，按照"住户自愿报名，专家评审把关，公开透明审核，专业队伍施工，多方参与监督"的程序，开展民居保护修缮资金补助工作，保护修缮资金由平遥县政府、全球文化遗产基金会和产权人三方共同承担。由于居民保护意识的增强和经济利益的驱动，自觉维修保护蔚然成风，打造了一批传统民居体验带。[①]

四是提速新城建设。近年来，平遥县按照"中部神龟灵动、两翼凤凰展翅"的城市发展理念进行开发建设。"神龟灵动"就是要站在世界名城的制高点上，让古城承古而出新；"凤凰展翅"是新城建设向东西两翼发展，如同凤凰展翅。初步搭建起了"五纵四横三循环"的新城道路框架，城区总面积拓展到 20 平方公里。同时，全面加快城市功能配套步伐，一个和古城遥相呼应的现代化城市拔地而起，一个大气包容的平遥新城轮廓更加清晰，让一座宏伟肃穆的平遥古城形象更加完美。

（二）兴产业，合理开发利用文化遗产

对历史文化名城保护的目的，在于保存展示、继承和弘扬优秀的文化遗产，为现代经济发展和社会生活服务。因此，孤立静止地看待名城保护工作，强调保护忽视发展或者强调发展忽视保护都是片面的，都不符合历史文化名城保护与发展的内在规律。20 世纪 80 年代以来，平遥坚持走保护与发展并举的路子，多渠道引进资金，致力于维修文物、改善环境、整理和新辟景点，大力发展旅游业，为平遥古城注入生机和活力。[②]

旅游经济效益连年持续递增，其中旅游人数从 1997 年的 5 万人次增加到 2014 年的 695 万人次，增长 138 倍；旅游门票收入从 1997 年的 125 万元增加到

---

① 程培林. 平遥古城的保护措施 [J]. 百年建筑，2003（Z1）.
② 边宝莲. 平遥古城保护与发展的实践和探索 [J]. 城市发展研究，1998（6）.

2014 年的 1.16 亿元，增长 99.8 倍；旅游综合收入从 1997 年的 1250 万元增加到 2014 年的 68.6 亿元，增长 547.8 倍；旅游收入占 GDP 的比重从 1997 年的 0.96% 提高到 2014 年的 72%。全县形成了以 21 处旅游景点、6 条特色产业街区、200 余家旅游特色商铺、2 个大中型文化娱乐项目等为主的旅游产业体系，旅游产业从业人员达到近 7 万人，"吃、住、行、游、购、娱"六大旅游要素日趋完善，以文化旅游为主的第三产业已经成为平遥最具活力和最具发展潜力的朝阳产业。

旅游业的蓬勃发展为平遥带来了巨大的经济效益和社会效益，注入了保护资产，提供了大量的就业机会，提高了当地居民的生活水平，由此人们对于古城保护的意识也就更加强烈，更具有危机感，促使更多的人自觉加入到保护古城的行列中来。

（三）求创新，改革古城运作机制

古城的保护、利用和发展，离不开高效的执行机构和充足的资金保障。多年来，平遥县政府通过体制机制创新，全面启动三项改革，积极探索适宜的管理架构和资金筹措方式，从而为古城保护工作提供了组织保障和资金支持。

一是景区运作体制改革。2002 年，平遥县按照政府引导、行业主管、企业经营的思路，组建了山西省旅游行业首家股份制企业平遥古城旅游股份有限公司，其中平遥县国有资产管理公司占有股权 81.25%。该公司主营平遥古城景点经营、住宿、基础设施建设及房地产等项目，是古城保护和新城建设的实施主体。平遥古城旅游股份有限公司成立以来，发挥其企业融资、项目投资的平台作用，已经与国家开发银行签订了 3 亿多元的古城保护、旅游开发项目贷款，开发了建筑面积近 4000 平方米的星级民俗客栈，在招商引资、宣传促销、文物保护与新区建设等方面发挥了重要作用。

二是景区门票体制改革。针对分散化门票管理造成旅游市场秩序混乱的问题，平遥县于 2002 年 9 月 15 日正式推出一卡通门票，即在平遥古城内的景点游览，都需要购买统一的门票，凭该票可以到城内的任意一处景点游览，单个景点不售票，门票有效期为三天。实行古城景区"一票制"，有效解决了部分景点私设回扣、扰乱旅游市场秩序的问题，大大加快了平遥古城由社区向景区转变的过程，树立了古城整体形象，促进了平遥古城旅游业健康、稳步发展，形成了财政、企业、民间多方共赢的良好发展态势。

三是景区管理体制改革。针对城市管理中多头执法、主体不明、管理分散的状况，平遥县在全国的县城中第一个成立城市管理行政执法局及城管监察大队，将 8 个单位的部分或全部行政处罚权进行集中，为古城保护、旅游市场管理等方面提供了组织机构和队伍保证。平遥县成立了"平遥古城保护管理委员会"，由县长担任委员会主任，全面负责古城保护、管理和利用工作；委员会下设办公室，为县政府的常设机构，办公室主任由文物局局长兼任。目前，平遥古城保护、旅游开发已经形成了"管委会全面负责保护、管理和利用等方面的工作，旅游公司进行项目开发、市场经营等工作，执法局负责城市行政执法管理等工作"的管理运行模式。

（四）打品牌，强化宣传推介

古城的宣传推介要按市场规律，要善于宣传和敢于宣传。平遥在中国乃至世界上都有较高知名度，这种知名度的得来，除得益于"国家历史文化名城"、"世界文化遗产"两大名牌之外，还得益于平遥县因势利导，扩大宣传，精心打造其他一系列具有广泛影响力的文化品牌。

一是"平遥国际摄影大展"品牌。创办于 2001 年的平遥国际摄影大展是目前中国举办的规模最大、艺术水准最高、持续成功举办时间最长和全世界最具影响力的摄影节庆活动，被誉为"摄影界的奥斯卡"。平遥国际摄影大展完全按照国际规范操作，通过国内与国际接轨、传统与现代互动，使平遥古城独特的风貌、古朴的民风与形式多样的摄影活动交相辉映，在海内外产生了出乎意料的轰动效应。

二是"平遥中国年"品牌。平遥中国年活动是在 2000 年"我在平遥过大年"活动和晋商社火节的基础上逐步形成的大型喜迎春节的活动，每年腊月二十三至正月十六在平遥古城举行。"平遥中国年"活动举办十六年来，每到春节临近之时，平遥古城内的年味都会愈来愈浓，挂红灯、扮社火、贴剪纸、唱大戏这些带着浓烈北方春节气息的元素，在平遥古城的老街小巷、民居客栈、深深大院随处可见，吸引了众多的国内外游客。由于该项活动处于北方隆冬时节和过年休假期间，其民俗性、观赏性、参与性的特征将古城的冬季旅游有效激活，实现了全年旅游淡旺季的无缝对接。[①]

三是"又见平遥"品牌。平遥县通过名城名导战略，打造晋商文化大戏。在

---

① 赵琴玲. 平遥旅游产业可持续发展研究 [D]. 山西财经大学硕士学位论文，2011.

成功引入张继刚导演作品《一把酸枣》之后，主动对接著名导演王潮歌，共同打造了大型室内情境体验剧《又见平遥》。《又见平遥》是印象团队致力创新的独创性项目，突破了原来利用山水实景的布景，而是由室外实景演出走向室内情境体验，并把古城的元素和演出有机地融合在一起。迷宫般的剧场有着繁复的空间分割，完全不同于传统剧场：在 90 分钟的时间里步行穿过几个不同形态的主题空间，观众可以捡拾祖先生活的片段：清末的平遥城，镖局、赵家大院、街市、南门广场等，从纷繁的碎片中窥视故事端倪……看实景演出就像一次"穿越"，观众有时像看客，有时又像亲历者。

《又见平遥》自 2013 年 2 月 18 日正式上演以来，当年演出 562 场，观演人数 24.8 万人，票房收入 3200 余万元，场均上座率 70% 以上，成为推动平遥旅游转型升级的重大突破，带动平遥旅游产业由观光游向体验游、由半日游向一日游、两日游快速转型。

此外，还有平遥推光漆器（中国"四大漆器"之一）、平遥牛肉（"中华老字号"）、梨花旅游节、酥梨采摘节等文化品牌，这些文化品牌都扩大了平遥的知名度，汇聚了平遥的人气，实现了文化节庆品牌与旅游经济的成功对接。

第三章

漳州古城历史沿革与传统格局

漳州位于台湾海峡西岸，地处福建东南，东邻厦门，东北与厦门市同安区、泉州市安溪县接壤，北与龙岩市漳平县、永定区毗邻，西与广东省大埔县、饶平县交界，东南与中国台湾隔海相望。自唐垂拱二年（686 年）建立州治开始，至今已有 1330 年的历史。漳州是 1986 年国务院批准的第二批国家级历史文化名城。

第一节　城市历史沿革

漳州城市的历史，可以追溯到数万年前的旧石器时代。每个时代都在漳州大地留下了相应的城市印记。各时代的漳州城市历史沿革概述如下：

一、石器时代

根据 1990 年漳州北郊岱山村莲花池山及市域众多的旧、新石器时代遗址考古证明，4 万~8 万年前的旧石器时代，漳州域内就有先民劳作聚居生息。他们择居靠溪、沿江或傍海，习惯于过依山傍水的生活。对聚居点有目的地择取并对居住地进行功能划分，已透析出漳州城市步入萌生前的漫漫长夜。①

二、西周至汉代

西周、春秋时期，漳州属"七闽"地；战国属越。汉朝初期，以梁山为界，漳州之域北属闽越国，南属南海国。据宋大中祥符《漳州图经》序中关于漳州疆域演变情况所载"山川清秀，原野平坦。良山记董凤之游，九侯传夏后之祀，赵佗故垒，越王古城，营头之雉堞依然，岭下之遗基可识"可推测，在宋朝漳州境域内尚可见汉高祖刘邦（称帝在公元前206~前196年）所赐封的南越王赵佗（或南越王朝）的城垒遗址，也就是说漳州域内在汉朝就有南越王朝所建立的城市存在。另外，据《海澄县志》载，南太武山"巅有石城，称建德城"。在漳州龙海古老名山——南太武山之巅亦存有汉元鼎五年（公元前112年）南越王赵建德所建的越王城的遗址之说可进一步佐证。以上漳州城市史话距今亦有2200多年。至汉始元二年（公元前85年），国家改"封邦建国"为郡县二级制后，漳州之域被分为两大部分，北属会稽郡冶县，南属南海郡揭阳县。

三、三国两晋南北朝

三国时期（220~265年），漳州之域属吴地。景帝永安三年（260年）设建安郡，漳州之域在郡内。晋灭吴后，至晋代义熙九年（413年），在盘陀岭以南地区建立了绥安县，这是有史以来第一个以县治建制在漳州之域出现的城市，县城址在盘陀岭附近。南北朝的梁天监年间（502~519年），在九龙江西溪流域又建立了兰水县，县城设在兰陵（今南靖县靖城）。梁大同六年（540年），又在九龙江下游平原地区建立龙溪县，据《龙溪县志·古迹》载"龙溪古县在十二三都"（即现龙海市颜厝、九湖一带），属南安郡（即现在的泉州市）管辖，龙溪县是漳州所辖县史最长久的县城。至此，漳州这块大地开始形成三县鼎立局面，但仍分治于两个郡：绥安县归属义安郡（今潮州的前身）管辖；兰水县和龙溪县则归属南安郡管辖。隋代为巩固中央集权，大幅度裁减郡县。至隋代开皇十二年（592年），朝廷决定将绥安、兰水两县撤销，同时并入龙溪县。从此，漳州之域才结束了长期以来两郡分治的历史，初步形成了以一个独立行政区域进行发展的基本

---

① 谢东. 漳州历史建筑 [M]. 福州：海风出版社，2005.

框架。

四、唐宋元时期

公元618年，隋灭，唐王朝在泉州设立都督府，龙溪县属都督府统辖下的丰州所治。到唐高宗总章年间（668~670年），民族矛盾尖锐，闽粤一带少数民族常联合反抗唐王朝。公元669年，唐高宗诏令左郎将归德将军陈政，率府兵9000多人入闽，统领岭南行军奋力征战。陈政死后，其子陈元光袭父职，率军平定了闽粤边境。唐垂拱二年（686年），陈元光奏请朝廷批准，在泉州、潮州之间设置漳州，州署设云霄西林，因州治傍漳江而名漳州。开元四年（716年），漳州州治移到李澳川（今漳浦县城）。贞元二年（786年），又迁至龙溪桂林村（今漳州城区），改称漳州郡。唐朝中期因为漳州人口太少，划泉州的龙溪县给漳州，划汀州的龙岩县来属。开元二十九年（741年）怀恩并入漳浦县，天宝元年（742年）改名漳浦郡，乾元元年（758年）复名漳州。唐大历十二年（777年），龙岩县由汀州改属漳州，漳州辖漳浦、龙溪、龙岩三县。宋太平兴国五年（980年），划隶属泉州的长泰县来属。时为漳州辖地最广时期，其境域包括今漳州、厦门海沧以及龙岩县、漳平县和原宁洋县地。

元代时期，漳州由州一级建制升格为路一级建制。元至治年间（1321~1323年），析龙溪、漳浦、龙岩县部分地置南胜县（1356年更名南靖县）。这样元代漳州辖漳浦、龙溪、龙岩、长泰、南靖五县，经济社会得到较快发展。意大利旅行家马可·波罗曾有关于漳州的描述：每有一艘船到达意大利的港口，就有一百艘船到达漳州。①

五、明清至民国时期

明清两代称漳州府，漳州行政区划建制变动频繁。明嘉靖九年（1530年）析漳浦部分地置诏安县，明嘉靖四十五年（1566年）析龙溪县及漳浦县部分地置海澄县，明隆庆元年（1567年）析龙岩、大田、永安部分县地置宁洋县，明成化年间（1465~1487年）析龙岩部分地置漳平县，明正德十二年（1517年）析南靖部分地置平和县，至此，漳州府辖漳浦、龙溪、龙岩、长泰、南靖、诏安、

---

① 乔尔·科特金. 全球城市史［M］. 北京：社会科学文献出版社，2006.

海澄、宁洋、漳平、平和 10 县。明嘉靖九年（1530 年）龙岩从漳州分出升为直隶州，并管辖漳平、宁洋两个县，漳州府范围剩下七个县。

民国二年（1913 年），划漳浦、平和、诏安三县部分地域建云霄县；民国五年（1916 年），划漳浦和诏安的一部分建置东山县；民国十七年（1928 年），从龙溪县分出了华安县，这时漳州管辖又增加为十个县了。民国二十三年（1934 年）改为福建省第五行政区督察专员公署。设督察区后，今漳属各县基本上稳定为同一区域。

1918 年，粤军总司令陈炯明奉孙中山先生之命兴师援闽，主政漳州并建立闻名全国的"闽南护法区"，为漳州现代史添上了光辉的一页。陈炯明治理漳州两年时间，贯彻联省自治的主张，成绩斐然，城市建设遥遥领先于全国其他城市，如完备的地下排水系统，为全国其他城市所无，又如宽广的道路，良好的治安，公园、公共菜市场、屠宰场、河堤以及漳厦公路。德国媒体称赞漳州是"东方一颗明星，正在放出光芒"。美国驻厦门领事卡尔顿向华盛顿报告："陈氏在漳州时，曾施行各种市政改革，他用的手段，近乎革命，但成效极佳，结果人民都感满意。这令中国人看到，事可办成，不必需要过度辛劳与重税。"在陈炯明的努力下，闽南 26 县成为"模范小中国"，被时人誉为"闽南的苏俄"。

六、新中国成立以后

1949 年 9 月 26 日，福建省人民政府决定，将原第五行政督察区改为第六行政督察区，设第六行政督察专员公署。行政督察区辖龙溪、漳浦、云霄、诏安、东山、海澄、长泰、南靖、平和、华安十县。1950 年 3 月，改第六行政督察区为漳州行政督察区（简称漳州专区），成立漳州行政督察专员公署。同年 9 月 14 日，又改为龙溪区，成立龙溪区专员公署。漳州专区、龙溪区均辖十县。

1951 年 6 月，龙溪县城关区（共两个区）设漳州市（县级）。此时，龙溪区辖十县一市。1955 年 3 月，改龙溪区为龙溪专区，成立龙溪专员公署。

1960 年 8 月 15 日，国务院批准龙溪县、海澄县合并为龙海县，县城设在石码镇。此时，龙溪专区辖龙海、漳浦、云霄、诏安、东山、平和、南靖、长泰、华安九县及漳州市。

1966 年，发生"文化大革命"。1967 年 4 月，由驻漳支左部队成立龙溪专区军事管制委员会，实行军事管制。1968 年 5 月 15 日，成立龙溪专区革命委员会。龙溪专区成为一级政权的行政区域。1970年9月，专区改称龙溪地区，专区革委会改称龙溪地区革命委员会。龙溪地区（专区）仍辖九县一市。

1976年10月，粉碎了江青反革命集团。1978年3月29日，成立龙溪地区行政公署，辖区仍为九县一市。1985年5月14日，经国务院批准，撤销龙溪地区建制，漳州市升为地级市，原县级漳州市改为芗城区，时辖龙海、漳浦、云霄、东山、诏安、南靖、平和、长泰、华安九县和芗城区。1993年5月，撤销龙海县，设市辖龙海市。1996年5月，设市辖龙文区。至今，漳州行政建制没再变化，市辖有芗城区、龙文区、龙海市、漳浦县、云霄县、东山县、诏安县、平和县、南靖县、长泰县、华安县二区一市八县。

第二节　城址兴废变迁

城市是人类文明的高度标志，是人类社会活动的集中场所，同时也是人类活动与自然规律不断碰撞、相互选择的结果。漳州城市的选址毫不例外地遵循着人类城市的发展规律，其城址的兴废变迁情况恰当地反映了同时期漳州大地的战争、自然灾害、经济发展、社会活动等情况。

一、城址迁移

（一）始建云霄

唐垂拱二年（686年），陈元光提出戍边之策，奏请朝廷，于泉潮两州之间设置一州，变原来的七闽为八闽。时值武则天执政，准奏后，便在云霄县漳江北的西林建置州治，辖漳浦、怀恩两县。出于军事等考虑，漳州建置四行台（相当于现在的边防哨所）于四境，在境内要塞地段建立36个堡垒。漳州（西林）故城标志着漳州州郡级实体城市的诞生，距今已有1330年的历史。如图3-1所示。

（二）徙治李澳川

漳州建州后在云霄西林前后有30年。唐开元四年（716年），因漳江一带"山岗瘴气"多，即亚热带雨林湿热气候引起恶性传染病多发，并且山梁阻隔，交通不便，不利于开发，因此，漳州州治移到李澳川（今漳浦县城），在此地共驻留了 70 年。如图 3-2 所示。

图 3-1 云霄县城

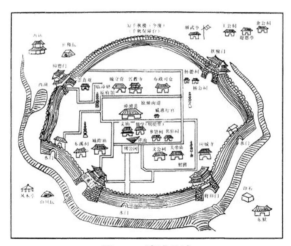

图 3-2 漳浦县城

（三）定州龙溪

公元 782 年，柳少安任漳州刺史，实地勘察了龙溪县内的山川形胜，调查了气候、物产、民情等各方面的情况后，认为这里山川清秀，原野平坦，四季如春，可以开辟万顷良田供人民生息繁衍，如此丰饶之地，才是最上乘的州府所在地。陈洪谟继任后，于唐贞元二年（786 年），经朝廷准奏，将州治迁至龙溪桂林村（今漳州芗城区），改称漳州郡。从此，原隶属泉州的龙溪便划归漳州管辖。

二、历史城区演变

(一) 古龙溪县时期

漳州作为州署所在地，真正在今漳州市城市地理范围内的时间是从公元786年开始的，秦、汉至唐贞元二年（786年）可称为古龙溪县时期。

中国古代先民对城址的选择十分慎重，龙溪设县始于梁大同六年（540年），何时迁入现址史书尚无记载。当时城址选择从地域山川整体形势出发，宋本府志把该山川形势概括为"天宝紫芝奠于后，丹霞、名第（今南山之南的一山名）拱于前；鹤峰踩其左，圆山耸其右"。这一山川形胜佳地包括现芗城、龙文两区及龙海局部，而不是仅限漳州古城，这充分体现了漳州先人在城池选址过程中对周围环境的高度重视。

(二) 漳州府时期

公元786年到清末，可称为漳州府时期。在漳州府时期，城市中心逐步东移，城市规模逐步扩大。

（1）古城初步发展。宋代漳州工商业的兴盛发展促进了城市的繁荣，漳州古城迈入初步繁荣时期。历经多次扩张，漳州由宋初土城改为木栅。至宋咸平二年（999年），挖掘壕沟环抱子城，古称牙城，是官署所在地，周长4里，设6个城门，城外为居民区。宋大中祥符六年（1013年）加设西壕，扩大古城规模，城周长15里。南宋绍兴年间（1131~1162年）拆原有土城，扩大城池范围，把原有的城壕括在城墙以内。南宋嘉定四年（1211年）开始用石块砌东门城墙，高10级，长500余丈。南宋绍定三年（1230年）相继砌西南北三面城墙，高20级，周长3000余丈，并筑谯楼（古代城门上建筑的楼）、哨所。辟门七，工程耗时两年才告完成。此次所扩之城，是漳州古代城池历次演化中规模最大的。宋淳祐九年（1249年）重修东、西、北门，增筑城背，环绕城墙周围砌石铺路。至此，漳州古城不但城池范围扩大，而且城门、谯楼、哨所及环城道路等设施都更为完备。元朝至元十六年（1279年），漳州改为漳州路。元代末年争战夺城，古城部分城墙遭毁。

元至正二十六年（1366年），拆除旧城墙，将东、西、北三面城墙缩入，重新砌石筑城。此时城墙比南宋绍定时缩小1/3，唯南面临大溪如故，北面依山而垫，西南隅依山，城高2.3丈，城周长只有2173丈，保存东西南北城门，月城各周长 50 丈。

（2）古城全面繁荣。明代是漳州古城发展的鼎盛期。明洪武二十七年（1394年）重修城墙，月城内外各建楼，设两个水关楼，使之兼有防御作战功能。明嘉靖十三年（1534年），漳州城的规模已达"三隅廿一街一巷"。隆庆五年（1571年），修城垣敌台及四城门月城。隆庆六年（1572年），在城东南拆旧楼改建八角楼，名威镇阁。万历三十七年（1609年），因改建南桥露出三台洲，为此改南城门为三台，东城门名文昌，北城门名太初，西城门名太平。

（3）古城衰败。清代是漳州古城走向没落的时代。由于清王朝与郑成功、太平军李世贤之战，漳州古城数度饱受战火摧残。清顺治十二年（1655年），清郑两军交战，"隳城所砌之石投之于海"。顺治十三年（1656年），再筑城，四城门各筑城楼，修复的城池比元至正年间城池规模缩减十分之一，周长 1971.1 丈。康熙八年（1669年），改南城门为时阜，在城上增设火药局 18 间。康熙三十六年（1697年），修筑南城楼。乾隆二年（1737年），重建威镇阁，基与城齐，楼高出城六丈多。嘉庆十二年（1807年），修城垣。同治十三年（1874年），又修城垣垛口、窝铺及望楼炮台。光绪三十四年（1908年）洪灾，漳州全城淹没后，乃在东门南侧增辟一个水门，专做泄洪之用。此后，城垣屡有修缮，但漳州古城垣从清朝顺治起至民国时期无大变动。

（三）民国时期

民国七年（1918年），粤军陈炯明进驻漳州，大兴市政建设，拆除古城墙，以古城墙石板铺砌街道路面和城南之九龙江江岸，古城墙仅存东城门一段。1996年，这段残墙随着城市建设的发展被完全拆除。陈炯明还主持兴建了漳州第一公园（今中山公园），即江源道署的官衙所在地，开辟为向市民开放的活动区域。

至此城市发展人为突破千年古城围域束缚，促成主向东及向北、向西发展的格局；新建（改建）城市道路交通、堤岸、码头、桥梁、公园绿地、机场等，在一定程度上改善了城市基础设施建设。一些现代城市基础设施如电话通信、供电、路灯照明等成为漳州城市建设之先导；民国九年（1920年）二月漳州至石码公路成为福建省最早通车的一条公路。

民国时期，漳州城市建成区面积为 3.2 平方公里。城内主干道有中山东路（现新华东路）、中山西路（现新华西路）、三民路（现延安路）、少司徒街（现北京路）、厦门路、青年路等；次干道有始兴路（现台湾路）、五权路（现解放路）、博爱道、平等路、民主路、大同路等，道路总长度 24.47 公里。但主要街道一般宽 5~6 米，路况不良。城市主要城区如中山路（现新华东、西路）、厦门路、三民路、南市路（现香港路）等商业较繁荣的街道自 20 世纪 20 年代起逐渐形成特色建筑街道（区），并以"骑楼"、"西洋欧陆风格与闽南建筑风格相结合的中西合璧式楼房"最具建筑特色。如中山东、西路曾是漳州景观大街之一，其路两侧建筑除具有漳州地方特色外，在其道路中段建有漳州北伐胜利纪念亭，并与同街区民国博爱纪念碑（现中山公园内）形成前后呼应，为最具民国特色的漳州城市景观标志性建筑街区。

（四）现代城市建设

现代漳州城市建设主要集中在九龙江西溪以北，辖芗城、龙文两区。市委市政府按照总规划确定的发展方向和发展目标建设与管理城市，提出"建设新区、开发沿江、改善旧城"的城市建设策略，城市空间布局结构逐步得到优化，漳州"山水城市"的特色得到体现，中心城区形成了"一个新城市中心区、六大功能组团"的城市格局（即中心城区、圆山组团、靖城组团、北溪组团、角美组团、石码组团、滨海组团）。城市建设出现了突飞猛进的发展，公共设施建设力度加强，设施服务水平得到提升，道路等城市基础设施进一步完善，有效带动了城市规模的扩大，为做大做强中心城区打下了坚实的基础。

2015 年漳州市政府在政府工作报告中明确提出要建设"东西南北中"五大景观区域。如图 3-3 所示。

"东"，主要有市区东部的云洞岩、瑞竹岩、龙文塔、万松关、江东桥等，这一区域历史遗存众多，文化积淀深厚，生态环境优美，又是漳州的重要门户，要努力建成亮丽的风景名胜区，重塑闽南第一关的形象。

"西"，主要有五峰农场、天宝农场和天宝林场，该区域植物物种丰富，要积极规划建设漳州植物园，努力建成亚热带植物的展示基地。

"南"，主要包括圆山、七首岩、水仙花基地、东南花都、九龙江西溪南岸等，要以建设闽南文化生态产业走廊为载体，进一步凸显闽南风、漳州味，努力建成旅游休闲胜地。

"北"，加快推进陈元光漳台文化公园建设，加强九龙江北溪两岸的生态保育，努力建成城市北郊文化生态观光带。

"中"，加大漳州古城的保护和修缮力度，切实留住漳州的城市记忆，同时要

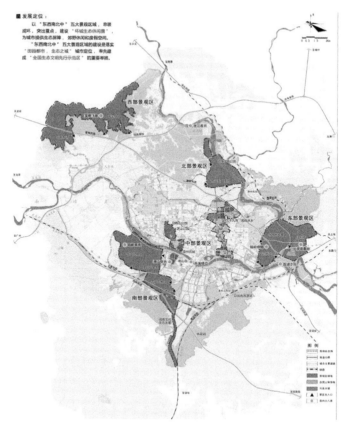

图 3-3 漳州市"东西南北中"五大景观区域总体策划

以芝山、马鞍山为主脉，抓好城市森林公园的扩建与提升，努力建成市民休闲健身的重要场所。

将东西南北四大景观区域串联成环，打造环城生态休闲圈，恢复漳州古八景，构建平衡适宜的城乡建设空间体系，为城市提供生态屏障、郊野休闲和度假空间，通过绿道、绿楔联绿入城，让主城区透绿通风，并与中部景观区形成"中心＋放射＋环状"的景观格局。

第三节 古城格局

古城格局是古城风貌特色在宏观整体上的集中反映。对于漳州古城来说，其空间格局一方面是古城受自然环境制约的结果，另一方面也反映出古城在社会文化与历史发展背景下形成的特定格局。漳州古城格局是中国古代城池的典范之作，也是漳州古城最有价值之所在。"枕三台，襟两河"的自然风貌、"以河代城，以桥代门"的传统建城型制和"九街十三巷"的街道格局共同构成了漳州古城的形象标志和突出特色。

一、山川形胜

漳州地处九龙江平原，位于九龙江入海口上游。市区一江穿城，水系纵横，群山环绕，自然环境得天独厚，"山、海、江、川"兼备，形成了"一江碧水映古州，十里青山半入城"的城市格局。如图 3-4 所示。

图 3-4 城址山水格局

在进行漳州古城选址之时，基本围绕着山水特征而展开，迎合"背山面水、负阴抱阳"的山水格局。所谓负阴抱阳，即基址后面有"龙脉"延伸而来的主山（天宝），左右有次峰或岗阜的左辅右弼山，或称为青龙、白虎砂山（芝山）；前面有弯曲的水流（九龙江）；水的对面还有一个对景山案山（南山）。城市和建筑基本坐北朝南。漳州府城基址正好处于这个山水环抱环境的中央，地势平坦而具有一定的坡度，形成了一个理想基址的基本格局。宋本府志把漳州山川形势概括为"天宝紫芝奠于后，丹霞、名第拱于前；鹤峰踩其左，圆山耸其右"。

九龙江西溪、北溪自西向东绕城而过注入大海，形成独特的滨水城市景观形象；市区内部分布着众多的内河水系，其中较大的水系有三湘江、九十九湾、浦头港等。"水绕城、城襟水"的独特格局使漳州形成了水清、岸绿、景美的"水城"。

漳州三面环山，一面临海，周边的诸多山体如圆山、云洞岩、白云岩、瑞竹岩、虎山、丹霞山等分布在城市周围，山体绿化郁葱、大小有致，成为环绕城市的绿色屏障，山城相融。在城市建成区分布有景山、芝山、虎山等小山体，现均规划为山体公园。同时，漳州属亚热带季风性湿润气候，植被十分丰富，城市边缘的荔枝海、万亩蕉林、水仙花基地等植物景观蔚为壮观，为漳州特有的景象。

二、历史城区格局

漳州虽历经千余年的发展，但是古城墙城址的变动却不大。至清康熙年间古城的范围是：今漳州战备大桥北端（原八卦楼旧址），向北沿新华南路至新华北路胜利公园（原马道底旧址）北侧，向西转入七建公司与体训基地之间小巷（原布政园），过延安北路和北廓顶漳州印刷厂、气象台、大通北路到芝山顶偏北，再沿芝山西侧向南经瑞京路末之管仔头，顺漳州师院和漳州二中西侧之虎文山外至博爱西道，向东沿博爱道到战备大桥北端。漳州历史城区面积为202.96公顷。如图3-5所示。

漳州古城气势雄浑，凝聚着漳州古代劳动人民城市规划、建筑营造的智慧。以清康熙漳州府城为据，府城平面布局似绽放的六瓣水仙花状。府城按东西、南北两条轴线布局，每轴线端即东西南北四方均建筑城门楼，计有城门楼四座：城东文昌门城楼雄起，城西太平门城楼威镇相应；城南时阜门屹立，城北以太初门遥望，互为对称布局。四座城门楼都采用重檐歇山顶的形式，高大、稳重、俊美。城门楼是由城门、城墩（亦称门台）、城楼（亦称谯楼）组成，是古代城池的重要标志建筑，是城市的形象标志。

城东文昌门城楼是漳州朝京、赴省最主要的道路口，其体量为四座城楼中之冠，是东方来宾所见漳州古城第一印象的标志建筑；城楼南侧有一条石蹬道供上下城使用。城门上谯楼即作为官方迎送之所，也是城市公共活动之地。

图 3-5 漳州历史城区范围

城西太平门城楼是城市通达今龙岩、长汀等的主要道路口，城楼南侧亦有一条上城楼的石蹬道。

城南时阜门城楼设在九龙江北岸，是南抵粤东、潮州、揭阳之门户，是闽粤交通要道。

城北太初门城楼为漳州北上泉州的要道。作为连接的纽带，绵长的城墙将四城门楼串联成为完整、有机的冷兵器时代城市防御体系。

府城城墙结构以花岗石砌成，厚重坚实，城上另建有哨楼、敌台、窝铺、火药局、城堞、水门及配有内城壕、护城河等相关城防建筑设施。城垣全长为6737米，似龙盘紫芝，雄瞰漳州沃地。

漳州古城以三面城河（东清河、西清河、北清河）和一面城墙围合，是在传统建城形制下的变异形式（见图3-6）。三面城河上建北桥亭、东桥亭、西桥亭、观桥亭和东铺以与府城其他地域联系，是在有外围大府城的条件下，为区别府、县而采取的"以河代城，以亭（桥）代城（门）"的城中城做法。城内布局为保持大府城南北城门轴线，将府衙偏于轴线东侧。

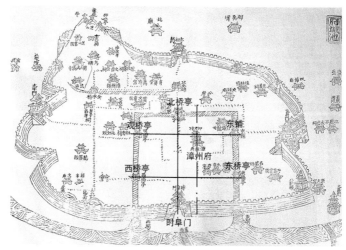

图 3-6　漳州府旧城

从漳州古城布局分析，城区有以下显著特点：

（1）府城规划建设布局着眼于满足军事防御的要求，它不是按照一个完整的规划一次建成的，而是在一个旧城的基础上经过多次改造逐步发展起来的。

（2）城市的主体规划结构崇奉择中观念，以漳州衙署为城市中心的中轴布局；以子城为城市中心区向东、西、北、南方向呈离心形状展开；讲求对称布局。

（3）古漳州城市中心——漳州衙署是最宏大、威严的建筑组群。

（4）漳州文庙匠心独具，是府城的文化中心建筑群。

（5）城西北隅芝山，以开元寺、净众寺、法济寺三刹为代表的古寺名祠傲踞山麓，是漳州古城的宗教中心，城市特定功能区明确。

（6）城市以隅厢划分街坊区域，以田方格（或称棋盘格式）的道路模式组织建筑的规划布局。

三、历史街区格局

（一）历史街区沿革

为了方便地获取饮用及灌溉的淡水资源，城市、村庄等人类聚居地必须选址于江河湖泉的附近。由于生产力水平和陆地交通条件的限制，古代城市发展及其商业繁荣更是决定于水路交通。历史上漳州城是闽西南汀漳龙道的区域性政治、经济中心，粤广往来京畿必经漳州，因而城市发展较为迅速，府衙、庙宇、祠堂、楼阁、府学和书院等建筑井然有序。据史料记载,漳州城的规模在明嘉靖十三年（1534年）已达"三隅廿一街一巷",至清乾隆二年（1737年）增加为城内二十七条街道、城外一条五里长的东门街（今新华东路）,这其中九龙江西溪和北溪带来的舟楫之利居功至伟。至明代,沿九龙江西溪边自西往东形成了洋老洲、新桥、浦头、草寮尾等一系列码头,水路航运发达便利。

明隆庆元年（1567年）,明政府正式取消"海禁",在月港（今龙海海澄）开设"洋市",月港崛起为15世纪后期至17世纪中期我国东南地区海外交通、贸易中心,盛况空前。在月港的辐射带动之下,漳州城经济繁荣,成为"百工鳞集"、"机杼炉锤交响"的商业和手工业城市。浦头港古码头以九龙江西溪河道航运枢纽的身份,成为海澄、石码、厦门等四方商舶渔船的停泊地和福建、江西、浙江、广东等省以及中国台湾、东南亚的货物中转站。浦头也由沟渠密布的荒芜之地发展成为舟车辐辏、贾肆货栈星列的街区。浦头街东段的鱼行最多时达二十多家,咸干鱼货、生猛虾蟹的批发零售昼夜不息,因之得名"盐鱼市"。

明代嘉靖年间的东门街（今新华东路）南傍"后港",北怀"东湖",可谓交通、景色俱佳。在月港的带动下,东门街和浦头街一样成为商品集散地,纺织业、药材业、金箔业相继兴起,形成民居聚集、店坊罗列的街区。

清康熙三十四年（1695年）,漳州"五虎将"之一的蓝理时任福建陆路提督,发迹后为答谢供奉于浦头大庙的关帝及乡亲故土,招募工匠、筹集款项以改建浦头街。他从城外东直街的巷口段（今新华东路中段）辟新道称新路巷,而后建新街称新行街,直通浦头港码头。新行街从此犹如老树新枝,郁郁葱葱,街区内形成了锡铂、棉纱、烟草、绳缆、木屐、木桶等行业。

清康熙五十六年（1717年）,西溪发洪水,河道改为从诗浦之前直流田里港经碧湖汇入西溪下游,诗浦至浦头的河段丧失了航运能力,但浦头港改由碧湖为进出口,依然热闹繁华。20世纪30年代末,碧湖港道被当地豪霸策动乡民填沙设障造港闸,迫使进港的商船木排在碧湖停泊起卸,再由驳船转运于浦头港。不久,为节省成本,往来于漳州与厦门、月港等地的商船木排便直航到新桥与洋老洲一带停靠装卸。从此,澄观道的鱼市、米市和木材行逐渐取代了浦头港的货运和集市。澄观道以北的南门头、南市街（今香港路）本是古城四大市场之一,土产杂货、民俗丧喜用品、风味小吃等行业十分兴盛,如此一来漳州古城的南区更是锦上添花。

清朝时期，漳州城有四门，南曰"时阜"，北曰"太初"，东曰"文昌"，西曰"太平"（南门在香港路与南市场街相交处，北门在今永亨世家范围内，东门即今新华西路新建的文昌门，西门在原漳州卫校门前）。古民谚云"东门金、南门银、西门马屎、北门胡蝇（苍蝇）"，生动地说明了古城四厢的产业布局：东门最为繁荣，南门次之，西门的政府机构和驻军较多，而北门的糖业较为发达。这也充分证明漳州城历史街区的两个特点：历史街区在明清时期已经形成并达到较高的发展水平；历史街区的发展和兴盛与九龙江西溪的航运休戚相关。

1918 年 5 月，粤军陈炯明进驻漳州，建立了"闽南护法区"。1919 年 4 月起历时一年半，由闽南护法区工务局局长周醒南主持进行了拆城墙、拓街道、辟公园、筑堤岸、建码头、修新桥、开公路等市政建设，使漳州城迈入了现代城市的门槛。当时共有 35 条街道进行了拓宽取直、铺设路面，其中位于历史街区内的有延安南路、台湾路、始兴南路、始兴北路、香港路、修文路、青年路、芳华横路、芳华北路、新华东路等（见图 3-7）。在改造道路的同时，沿街两侧建筑同步改造成二至三层的楼房，整齐中富有变化，并且延安南路、香港路、青年路、新华东路等建成了"五脚距"（骑楼）式"竹篙厝"，赋予漳州城市面貌强烈的地域特征。虽然陈炯明于 1920 年 8 月 12 日因率师入粤讨伐桂系而离开漳州，但至1937 年抗日战争爆发为止，漳州的城市建设仍在其奠定的基础上和规划影响之

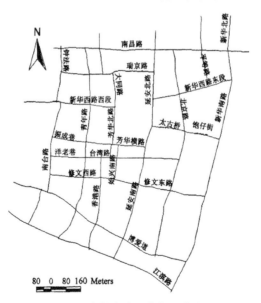

图 3-7 漳州古城历史街区道路网

下进入了历史上的第二个高峰期。这也体现了漳州城历史街区的另一个特点："五脚距"（骑楼）式"竹篙厝"是漳州历史街区总体历史风貌的主要表现和城市特色，而且形成于 20 世纪二三十年代。

自 1919 年开始的"旧城改造"中，街道在原先狭窄坎坷的老街基础上进行了扩宽，并且采用拆城墙的石条铺砌路面，因而改造前后城市街道的布局并没有大的变动，原先街上的许多石牌坊也没有被拆毁或搬迁。优美端庄的石牌坊以及耐用的青石板路面成为漳州历史街区的重要景观元素，这个特点在所有古城的历史街区中是独一无二的。

（二）历史文化街区

1. 唐宋子城历史文化街区

又称台湾—香港路历史文化街区，位于漳州古城核心区，自唐代以来即为州、郡、路、府之治所，其范围北至市区中山公园，南到修文路，东到延安南路，西至青年路，占地 26 公顷。是反映明清时期漳州文化特色最为集中和最具代表性的地方的核心区域，老城区仍然保存着明清遗留下来的经过陈炯明拓宽路面的传统街区和棋盘式的街道系统，几乎是清一色的二层骑楼，依着地势高低错落有序，形成富有韵律感、节奏感的城市建筑群，样式优美典雅、色彩和谐统一。

街区内有台湾路、香港路、始兴南北路、芳华横路、芳华北路等老街道，包含明清石牌坊及漳州文庙等两处国家级文物，市级文物保护单位八处，是漳州历史文化名城最具代表性的部分。台湾路与香港路是以前店后坊上住宅的"竹篙厝"建筑为主的传统商业街，但两者建筑风格迥异，香港路为典型的闽南风格的骑楼式，而台湾路则是典型的中西合璧的非骑楼式，其代表建筑"万圆钱庄"、"新生布行"等著名老字号商铺的建筑具有明显的南洋风格。台湾—香港路历史文化街区于 2004 年荣获联合国科教文组织亚太地区遗产保护奖，于 2015 年被建设部、国家文物局批准为中国历史文化街区。

（1）香港路。古称南市街，唐时已有，是唐宋至明清时期漳州的城市中轴线，是漳州历史街道中的菁华（见图 3-8）。自北向南称双门顶、南市街、南门头、旧桥头。民国七年铺设砖石路，1954 年改石板路为混凝土路面。路两侧都是骑楼建筑，全砖木结构。沿街店铺为前店后坊式，建筑风格为西洋与闽南相混杂，招牌字号都雕刻在骑楼上方。沿街有干果店"德发"、"元兴"、"捷美"、"英美"和"何广生"、"太义丰"、"裕成"、"德和"等老字号。香港路二巷七号是左联诗人杨骚故居。双门顶段有两座明代石牌坊：一是"尚书、探花"，建于明代万历三十三年（1605年），为林士章建；二是"三世宰贰、两京扬历"，建于明万历四十七年（1619年），为万历间南京吏部右侍郎赠尚书蒋孟育及其父、祖父的，是国家级文物保护单位。

图3-8　香港路街景

（2）台湾路。古称府前街，是漳州历史街道中的菁华（见图3-9）。民国时期为石砖路面，1954年改铺水泥路面。东段是骑楼式店面，雨伞店云集；中段是明显的中西合璧式建筑；西段是闽南风格民居。有"天益寿"老药铺、"大同"文

图3-9　台湾路街景

具店等老字号。41 号和 171 号还有两处石牌坊残迹。台湾路沿街建筑的最大特点是没有以骑楼为主要建筑样式，只在东段有骑楼式店面。

（3）延安南路。延安南路北段（原马坪街）是旧时漳州主干道，布满各式各样的商店，路两侧大多数是民国初期砖木二层非骑楼式建筑，中段（断蛙池）、南段路两侧大多数是民初砖木二层骑楼式建筑（见图 3-10）。清末，赵惟武创办漳州第一家照相馆——美玉照相馆；清宣统二年（1910 年），新加坡华侨严万年创办漳州第一家皮鞋店；民国十三年（1924 年），漳州第一家银庄公会成立；民国十四年（1925 年）4 月，厦门侨商黄奕住创办漳州第一家电话公司；民国八年（1919 年），漳州第一家长途汽车股份公司成立；1949 年 11 月，漳州第一家国有书店成立；1952 年，漳州第一条水泥路面在延安南路诞生。

图 3-10　延安南路街景

（4）修文西路。修文西路在新中国成立后改砂石路为沥青路面。学府前街段有省级文物保护单位漳州文庙，文庙西面民国以前设府学，现为西桥中心小学。上苑街段为骑楼式建筑，有市级文物保护单位王升祠，西桥街段有市级文物保护单位西桥亭。

（5）青年路。青年路于民国七年拓建为石板路，两侧全为骑楼式建筑。北段东坂后有市级文物保护单位基督堂和天主堂，中段有市级文物保护单位嘉济庙碑和名宅何衙内，以及"五成米绞"碾米厂、"同善堂"和"至和堂"药铺、"九和堂"提线戏、"奇苑"茶庄、"蔡福美"鼓店等老字号。

2. 新华东路（岳口段）历史文化街区

新华东路（由西至东原为东门街、岳口街）是漳州古城外的主要老街，也是清至民国时期南北药材的集散地（见图 3-11）。沿街建筑形式多样，既有传统形式，也有中西合璧及不中不洋的现代建筑。在巷口段有旧式砖木结构民居，沿街立面设木构挑楼悬于二层，二层门窗及栏板木雕精细；建筑物高低错落有致，空间变幻丰富；建筑物平面呈长形，进深有二进、三进甚至四进，进与进之间有天井采光，内设过廊联系交通各进，如一根竹竿有数节排列，被称为"竹篙厝"，为前店后坊（或库），后进兼有起居功能。新华东路横贯东西、蜿蜒数里，可惜于近年的旧城改造中被肢解分段，盛况不复。

图 3-11　新华东路（岳口段）历史街区

3. 新行街历史文化街区

新行街位于漳州古城的东门外，是明清时期城市东西向发展轴线（东门—新行街—浦头街）的重要组成部分（见图 3-12）。明清至民国初年漳州浦头港成为"四方百货咸集"之地，由浦头街运入城区的货物，经新行街，从东门入城，新行街稍晚于浦头街后逐步繁荣起来。新行街全长 320 米，街道格局基本保持明清至民国的结构，沿街建筑基本保持着清至民国间的历史风貌。建筑风格以闽南传统风格为主，在街西端有少量西洋风格建筑。新行街、人市路和柑仔市三条街道交叉口处，商业店铺集中，建筑空间别有趣味。街区内尚存有以市级文物保护单位中共漳州工委旧址和新行街 98~112 号历史建筑为代表的真实历史遗存。

图 3-12 新行街一隅

4. 浦头港历史文化风貌区

浦头港属"内陆河",港道宽深,地坦流平,可通九龙江西北二溪,出入海门,是理想的港口。根据明清两朝留下来的几块码头碑记记载,这里曾是舟车辐辏、万商云集、百舸通航的繁华集市。20 世纪 30 年代初期,在浦头港与西溪合流的碧湖渡口,地方豪霸为独专运输之利,策动农民重建碧湖闸,想使外来船舶停在碧湖闸外,改雇他们的小船把货物运到浦头,但弄巧成拙,从此潮断港塞,船舶改泊于西溪的新桥头至洋老洲一带。浦头港航运之利尽失,繁荣一落千丈。浦头街西与新行街连接,东与盐鱼市连接。浦头街历史街区较完整地体现了清末民初漳州市的历史风貌。民居和商业建筑风格统一,具有典型的闽南地方特色,街区内尚存有以市级文物保护单位浦头大庙、定潮楼、古码头和霞东书院为代表的真实历史遗存,是研究漳州城市发展史、文化交流史、商业交流史的重要实物资料。

5. 华侨新村历史文化街区

华侨新村东连钟法路,南连新路顶,西连县前直街,北连新华西路。华侨新村原是古环城河与县后街之间的一块 74 亩的荒地,始建于 1955 年,围绕西姑池而建,历经 10 年,共建成 40 多幢 2~3 层南洋风格的别墅,是当时漳州市最豪华的别墅群。华侨新村环境优美,各具特色的别墅美轮美奂,是拍照取景的最佳地,也是人们休闲的好地方(见图 3-13)。现部分别墅出租,用于经营茶座、休闲吧,办幼儿园,开婚纱摄影楼,人气旺盛。

图 3-13　华侨新村整体鸟瞰

6. 芝山大院历史文化风貌区

漳州的芝山建筑群兴建于 20 世纪 20 年代，为原来的寻源中学。现在芝山大院里的团结楼、团市委办公楼、文明办办公楼、统计局办公楼等欧式风格建筑，曾是寻源中学的办公楼、教学楼、宿舍楼。1932 年 4 月，毛泽东同志率红军攻克漳州后曾住在红楼，现辟为"毛主席率领红军攻克漳州纪念馆"。芝山大院南北轴向视线通廊较好，建筑尺度适宜，大道两侧集中了大量历史红楼，一般 2~3 层，西式风格，红砖墙清水做法，周边环境绿意葱葱，风貌特点别具一格。

第四节　古城轴线

漳州古城的魅力仅仅靠片断的街区是无法体现的。城市是有机体，它与周边山水之间，以及城市内部各要素之间的联系是其形态形成的依据，也是其魅力的重要组成部分，更是独特闽南文化的重要载体。一千多年以来，漳州城廓范围由内向外不断扩大，而城市的南北轴线则保持基本不变，由芝山向南穿越古城中心，并不断向南延伸至九龙江、南山，其中自然山水关系和独特的地势起了决定性的作用。

对于我国古代城市和建筑布局来讲，中轴线是一个非常重要的概念，这一概念源自我国文化中对"中"的追求，而山水则是确定何处为"中"的重要参照体系。中轴线一般是南北向的。古人通过指南针和日影确定南向，保证城市、建筑坐北朝南的格局。在朝南的前提下，漳州府城中轴线充分考虑风水中主山（天宝、芝山）、朝山（名第山、南山）等对山的因素，以山水作为大地坐标参考来确定最终轴线的走向。

古城的魅力，除了留给我们的实体财富，更重要的是这些城市元素之间，以及城市元素与周边山水环境之间的联系，这些造就的古城格局、风貌设计逻辑正是我们今天在保护过程中需要认真对待的。除了古城街坊的比例、尺度和界面的风格外，我们不能忽视的还有它们的对景山体在当时设计时的重要作用，失去了与周边环境的对话，古城的轴线保护只会成为一个个缺乏联系的碎片。

从图 3-14 我们可以看到漳州古城共有三条中轴线：

图 3-14　古城三条中轴线示意图

最西侧的为唐龙溪县中轴线，唐龙溪县中轴线北起日华亭，中经龙文塔，南止南山寺，这是古龙溪县建城的基线，随着岁月移转，该轴线肌理已消失匿迹。

中间为漳州古城中轴线，古城中轴线要追溯到公元 786 年，当时，陈洪谟将漳州府搬迁至龙溪县城，龙溪县城市中轴线已经形成，所以只能在古龙溪中轴线东侧开辟新的城市中轴线（选东侧更靠近水运码头，货物运输往来效率更高），并仍以芝山和南山作为对景，北起大同路，经香港路，南至古城南门（时阜门），轴线两端折向芝山和南山，形成特有的对景效果，最终构成迄今为止 1300 余年的弓形轴线（我们简称为古城中轴线）。

最东侧为府衙中轴线，紧挨古城中轴线，陈洪谟郡治迁到龙溪县县城后，在今芗城区中山公园所在地（今台湾路与大同路之间）兴建新府衙。

三条轴线见证了城市兴衰与变迁，其中，唐龙溪县中轴线因时代久远，城市不断复兴变更，其轴线痕迹已不可考；府衙中轴线保存情况较好，轴线关系较为明确，在规划保护中应强化中山公园内民国的纪念要素，改造、利用民国图书馆，作为集中展示漳州近代历史和地域特色的博物馆，通过局部空间和绿化的调整，着力烘托民国氛围和闽南特色。规划拆除中山公园南侧的围墙，串接中山公园和始兴北路，强化府衙中轴线的完整性和连续性。

漳州古城中轴线承载了漳州山水古城的发展历程，是古城发展至今的生命线，不仅印证了城市的发展脉络，而且蕴涵着丰富的历史遗产和传统文化。一千多年来，古城的格局形态大体变化不大，街坊集市大部分被保留下来，街坊集市是古城重要的组成部分，也是古城宝贵的文化遗产，特别是历经岁月传承下来的老街古地名，是古城文化的沉淀与结晶，具有重大的保护开发价值，这笔财富是其他城市无法比拟的。

见证漳州古城中轴线的历史要素众多，由北往南主要的历史要素有芝山、塔口庵、北桥亭、芳华里民居、香港路、时阜门、中山桥、南山。对这些重要的轴线节点空间，下面我们进行认真梳理并简要介绍分析。

一、芝山

位于古城中轴线的最北端为芝山及芝山三亭（见图3-15）。紫芝山，简称芝山，在漳州市区的西北角，是漳州的主山，古城的龙脉所在，亦是古城制高点，明朝洪武十三年（1380年），在山上发现紫色的灵芝，认为是祥瑞之兆，知府徐恭上表，才赐名"紫芝"山。

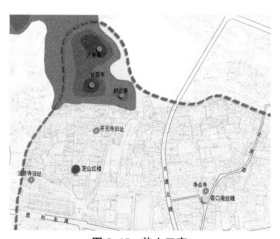

图3-15 芝山三亭

从山麓的缓坡登山，两旁林木青葱，浓荫夹道。山行半小时，就可登上顶峰，在高树掩映中，这里有亭翼然耸峙，名叫"威镇亭"。此亭始建于明朝弘治年间，嘉靖十九年（1540年）重建成八角亭子，和城东南隅的威镇阁（俗名

"八卦楼")掎角对峙，俯瞰古城。到了清朝康熙五十二年（1713年），郡守魏荔彤重建此亭时，改名为"万寿亭"。据说"万寿亭"是为纪念康熙八十大寿而命名的。紫芝山连接望高山，皆从天宝衍脉，排闼十二峰，逶迤南来，气势雄伟。紫芝山也分左右两支，山势曲折起落，超然突起三座峰头，称为"三台"。右边一峰，山顶也建立一座石亭，名叫"甘露亭"，建于明朝嘉靖十六年（1537年），据说那年天降甘露，御史李元阳作表称贺，知府孙裕建亭纪念祥瑞。左边一峰叫日华峰，因为得日最先故名。上有一亭，名叫"日华亭"。至于仰止亭，据清曾虎文《漳州杂诗》注里说："仰止亭在芝山书院内，朱子祠左，明郡守孙裕建，甲子毁，不复建。"万寿、甘露、日华，三亭鼎立，使芝山景色倍加秀丽。

山麓前面原有古刹多处，现在都已荒废，只剩下一些残碑断碣，供人凭吊而已。其中，规模最大的一座古刹是唐代贞元二年（786年）始建的开元寺。但是，到清同治三年（1864年），太平军侍王李世贤进军漳州时，和清军对垒，寺院毁于战火，仅存咸通塔一座，以后移到中山公园里了。寺院的遗址后来改建为"试院"（旧时科举考试的考场）。

开元寺的右边是法济寺，后来改建为寻源中学，左边是净众寺，现在是漳州一中校址，两处的地下文物还弃置很多，后从净众寺遗址移两座石塔到南山寺。开元寺的后山腰，宋代曾建一座书院，原名"龙江书院"，后改称"芝山书院"。清光绪三十二年（1906年），因废科举制度，知县陈嘉言把"芝山书院"改为"漳州府中学堂"，并把"试院"划为校舍。可见这一区域，久已成为漳州的文化学府区了。现在芝山下有一座"红楼"，这是毛泽东在1932年春率领红军进漳时住过的楼房，如今开辟为"毛主席率领红军攻克漳州纪念馆"。

二、北门街

北门街即今大同路（"文革"后改名，明清为塔口庵、北廓顶、北门街），是漳州最古老的街道之一，两侧有宋元明清时期的庙宇。走进北门街不远处，有一条小路名镇台后街，与北门街连接，形成人字路。此处有两座各自独立的建筑物：塔状的经幢和观音庵。由于这两座建筑物距离相近，所以民间常把它们连起来叫，呼作"塔口庵"。据史料记载，经幢建于北宋绍圣四年（1097年），而庵则建于元至正二十六年（1366年）。经幢构件全部采用花岗岩，通高7米，底径1.2米，分幢座、幢身、幢顶三部分（见图3-16）。幢座由唐代遗存的石构件石座、仰莲、覆钵、浮雕鼓形石、八角台石、八面刻佛石、仰莲石平座等垒叠，砌成须弥座。幢身之上，以雕有佛像、莲花等图案的十三层各种形状的块石，向上收分，构成五重八角出檐、高耸奇特的幢顶，上置葫芦状尖峰。经幢雕刻浑古、造型独特，是漳州保存完整的具有唐、宋、元、明几代雕刻艺术与建筑艺术的文物，也是全国保存较为完美的古经幢之一。

图 3-16 塔口庵经幢

宋时，北门街区的居民群落围绕净众寺（现漳州一中校址），并向北沿北门街（今大同路）逐步发展起来，弯弯曲曲延伸至古城北门——太初门，两侧民居房及北门街形成历史街区。后来由于城市建设侵蚀，北门街区渐渐丧失特色。

三、北桥亭

北桥跨于北护城壕上，与官衙北门同处轴线上，近在咫尺。北桥亭边设有当时最繁荣的菜市北桥市。因得地利优势，北桥亭是城中最华丽壮观的桥亭。初名瑞丰桥，桥上覆亭，亭中供奉观音神像，嘉定年间（1208~1224年）因火灾烧毁。郡守郑昉修筑石桥，并比旧制加高六尺，宽二丈六尺，长七丈八尺，两侧立扶栏，在桥四个角落竖华表，华表上立铁鹤，并在桥侧立碑，改名为庆丰桥。后因桥基太高，过往不便，淳祐庚戌（1250年）太守章大任用土填平落差，并改名为中清桥。明万历戊申（1608年）知府方学龙顺应民众请求，在桥西重建观音院，栋宇壮丽，金碧辉煌，此桥成为漳城名胜。北桥亭至清代亭废桥存，新千年城市改造时，北护城壕被覆盖成路面，北桥桥体隐入楼群之中，难以辨认，该地段现为北桥市场。

四、芳华里民居

该片区原属于漳州府衙用地。1919年，陈炯明对漳州城进行市政改造，开辟了数条街道，其间在漳州旧府城的心脏地带开辟一横一纵十字路，即芳华直路和芳华横路。芳华直路（即今芳华南、北路）将旧府衙由南向北一分为二，原旧府衙和经历司（掌管府衙印鉴、负责公文出入转呈的文职机构）本处同一院落，现分别位于芳华北路的东西两侧。后漳州居民陆续在芳华直路西侧建设住宅，即现在的芳华里民居。

五、香港路

古称南市街，是唐宋至明清时期漳州的城市中轴线。香港路北段（修文西路—台湾路）长仅 100 米，但却集中了整条街大部分文物保护单位和众多历史建筑。街区的文物保护单位、民居等历史遗存，是研究闽南建筑史、漳州发展史、闽台文化和商业交流史的重要实物资料，具有很强的地方特色。由"漳州石牌坊"、"王升祠"、街区小庙和民居建筑所围合成的街道空间，尺度亲切，历史文化气氛浓厚。

六、时阜门

漳州古城墙的南门，位于香港路南端，厦门路与博爱道交叉口上。南城门（时阜门）及东西水闸是考究整个古城水运发展的根源，现存古城巷道南城门两侧对称，仍可考究南城门月城形态。漳州旧八景中，时阜门是欣赏"南山秋色、丹溪晓日、西浦夕阳"的最佳观景点。

七、中山桥

中山桥是古城中轴线上链接古城与南山的纽带（见图 3-17）。中山桥始建于宋绍兴年间（1131 ~1162 年），初为浮桥，宋嘉定元年（1208 年），漳州郡守薛扬祖以石建桥，命名为"通津桥"，俗称南桥，美称薛公桥。明成化十年（1474 年），桥遭水击而垮，后多次修建均毁于洪水或战乱，习称"旧桥"。1925 年，

图 3-17　中山桥

漳州的商贾士绅捐资着手将这座古石桥改建为钢筋混凝土桥。成立改建董事会，孙宗蔡任董事长，王弼卿为工程师。竣工时，恰逢北伐时期，当时的国民革命军第一军军长何应钦率部进漳，决定将它更名为"中山桥"，以纪念孙中山的丰功伟绩，并亲自撰写"重建中山桥记"。

八、南山

南山为古城中轴线最南端，又名南院山，古称丹霞山，位于漳州城区南隅，九龙江南岸。"南山秋色"乃龙溪八景之一，其名其美，自古至今遐迩称颂。南山北麓有一座金碧辉煌的寺院——南山寺。1983年4月9日，南山寺被国务院列为全国142座汉传佛教重点寺院之一。南山寺坐南朝北，规模宏大。中轴线上自北而南依次为山门、天王殿、大雄宝殿、法堂，左右有喝云祖堂、陈太傅祠，以及石佛阁、德星堂、地藏王殿、福日斋。东侧还有城隍庙，后山有塔院等建筑。

第五节　古城八景

漳州"古八景"见载于清朝《漳州府志》，分别是南山秋色、西浦夕阳、虎渡春潮、龙江夜月、宝峰飞翠、圆峤来青、鹤岭晴烟、丹溪晓日，是漳州优美自然山水环境的精华所在。

一、南山秋色

南山，位于漳州城区南隅、九龙江南岸，古称丹霞山，因"土石皆赤，晨夕映日，色若丹霞"而得名，丹霞曾为漳州城之雅称，南山秋色亦即丹霞山秋色（见图3-18）。

南山，方圆数十里，有卧马山、一面旗、琥珀岭、趴鼎金四座山丘，绕山坐落着几个小村庄。山上土质为黄土，大大小小的花岗岩石裸露在地表，阳光照射，赤土反光，其艳无比。秋天来临，生命力极强的草菊花纷纷绽放庞大的花盘，以其耀眼的金色洒落在山上。南山坐落在江畔，东西两面空旷开阔，晨夕受日。站在城区朝南眺望，一座突起的山包，涂抹浅黄、金黄、翠绿，点缀着黧黑

图 3-18 南山秋色

的石头，在阳光下熠熠生辉。

南山秋色之美还不仅仅是一座美丽的山丘。南山北麓有一座金碧辉煌的寺院——南山寺，红墙绿瓦之映衬，晨钟暮鼓之渲染，让青山静中有动，动中生静。从南山到九龙江之间是一大片绿地，扩展到大小梅溪是一望无际的水仙花种植园，绿毯般的田园沿江铺开，仿佛给南山绘上底色。九龙江水如同一条白练缓缓地流动，水清见底，水质甜美，倒映着南山的轮廓，折射着南山的霞光。古人登临漳州城南之时阜门，从近及远，水光、绿影、寺景、山色构成一幅静谧而艳丽的图景。

宋朝进士蔡襄有诗咏之："近郊溪光绿好裁，雨晴波底敞楼台。荫堤佳树千围合，掠水轻舟一箭开。惊钓寒鱼拖惨去，忘机闲鸟信潮回。官馀拟欲祛尘意，书遍平沙我独来。"元朝安溪主簿林广发诗曰："翘首城南土，悠然见此山。竹藏秋雨暗，松度晚风寒。佳色催黄菊，晴光上翠峦。倦飞何处鸟，日暮尽知还。"明朝广东参政林魁以"南山"为题作诗云："丹屿照银河，虹桥卧碧波。寺荒僧住少，林密鸟声多。驿路催宵骑，沙村杂暮歌。山花不知数，作意弄春和。"

二、西浦夕阳

浦，即水边或河流入海的地区。古代旅人晨时自海起航入漳即抵西浦（即现西溪桥闸附近）时，正是落日时分，放眼望去，两岸均是夕阳西下、山水辉映的美好景致（见图 3-19）。元代举人林广发有诗《西浦夕阳》曰："片帆西浦渡，归鸟夕阳斜，流水欲趋海，行人未到家。平原生野烧，断屿生晴霞，渔唱听来近，湾湾芦荻花。"

图 3-19　西浦夕阳

三、虎渡春潮

江东桥原名虎渡桥，位于九龙江北溪下游，是我国古代十大名桥之一（见图 3-20）。据《读史方舆纪要》称："江南石桥，虎渡第一。"近年又被《世界之最》一书列为世界最大的石梁桥。江东桥因"在郡之寅方"，寅属虎，故称虎渡。江东桥所在北溪段，古称柳营江，原是通津渡口，这里两岸峻岭对峙，万壑并趋，江宽流急，波涛汹涌，驾舟渡江，进寸退尺，令人触目惊心。

图 3-20　虎渡春潮

南宋绍熙年间（1190~1194 年），郡守赵逖伯在这里连艘建造浮桥，开此处造桥历史的先河。但浮桥"摇荡掀簸，过者凛容"，且经风雨摧损，疲于屡易。嘉定七年（1214 年），郡守庄夏始于此垒石为墩，建造木桥。但因水深流急，抛石都被冲散，迟迟未能奏效。一天，忽见老虎负子过江，游过一段急流，即栖息片刻，再游再息，终达彼岸。建桥工匠见状忽悟，循踪勘探，发现虎游一线，水下有石如阜。于是选址筑墩铺梁成桥，并以木瓦盖顶，命名曰"通济桥"，又称"虎渡桥"。

宋嘉熙元年（1237 年），木桥被火烧毁。漳州郡守李韶倡议改建石桥。后经元、明、清各代，石桥屡毁屡修，共有十余次。特别是明嘉靖十六年（1537 年）代巡李翔谋建石梁桥，由郡守孙裕组织施工，不久，因调职未果；嘉靖十八年（1539 年）代巡侍卿王石沙再次拨帑兴修，并由郡守顾四科募民施工，经民众努力，来年冬，新建成石梁桥落成。"石梁长八十尺，宽、厚各五尺，酾水一十五道，一道三梁，疏之以广其道，以板石横弥其缝，广二十尺，长二千尺，皆新制也。"石梁最重近二百吨。在古代要开采如此巨大的石梁，其难度是可以想象的。且用什么办法、什么工具将如此石梁运至江边，架上桥墩，至今还是一个谜。这样"上重下坚，相安以固。涨不能没，湍不能怒，火不能热，飓不能倾"，实是建桥史上的奇迹。

如今石梁仍稳架桥墩之上，成为一大奇观，吸引了中外许多学者、游客。英国李约瑟博士亲临考察后，在《中国科学技术史》一文中评价说："在中国其他地方和国外任何地方都找不到可同它相比的。"如今，江东石桥仍横跨九龙江上。

四、龙江夜月

九龙江北溪上游潭口处对岸古有"九龙戏江处"，传说"梁大同间有九龙戏江上，故名九龙江"，此亦龙溪县县名之由来。古人自延汀、宁洋、龙岩、漳平、长泰泛舟而下，两岸崇山峻岭，猿声送迎，而此时正是明月高挂，夜泊潭口。过潭口后便豁然开阔，已是田亩阡陌的漳州平原（见图 3-21）。明代郎中张雄有诗《秋月泊龙江》曰："江阔潮初上，江空月逾白。半夜如孤舟，猿声送萧索。"

图 3-21　龙江夜月

五、宝峰飞翠

位于芗城区天宝镇的天宝大山，距离漳州市区约 15 公里。天宝大山自福建第二大山脉——戴云山脉的南端余脉博平岭发脉而来，呈东北—西南走向探入九龙江平原。

天宝大山因山高路陡，一向罕有人至，山上保留了大量原生态的森林，如香樟、瑞香、枫树、野生桫椤等，被评为省级森林公园。天宝大山巍峨的山峰、清新的空气、甘甜的泉水、飞流直下的瀑布、错落有致的原始次生林、"宝珠戏水"的传说，吸引了不少游客。天宝大山上林木郁郁葱葱，山体翠绿，宛若自西北飞临漳州古城的翠绿色飘带（见图 3-22）。

图 3-22　宝峰飞翠

六、圆峤来青

漳州城西南的九龙江畔，高高地耸立着一座圆山（见图 3-23）。有诗云："轻烟漠漠雾绵绵，野色笼青傍屋前。尽说漳南风水好，众山围绕一山圆。"据龙溪县志载："圆山……前后望有十二面，如覆盆然"，故名圆山。

图 3-23　圆峤来青

圆山十二面，面面都有宝。山上有仙脚迹、石展槽、贝丘等遗迹。圆山的东南面山麓有一块坡地，树林苍郁，环绕成琵琶形状，名叫琵琶阪。阪上涌出一股清清的泉水，灌溉着山下田园，这里就是驰名海内外的水仙花产地。

水仙花是中国的十大名花之一，也是漳州的市花。水仙花古来有"凌波仙子"的雅称。古人写过这样一首诗："早于桃李晚于梅，冰雪肌肤姑射来，明月寒霜中夜静，素娥青女共徘徊。"世界上的水仙花品种极为繁多，但只有漳州水仙堪负盛名。

漳州水仙花仅出产于圆山东南麓。相传漳州南乡土地肥沃，山中妖怪妒忌，搬来圆山截住山泉使禾苗干枯，百姓遭殃。当地一对青年男女金盏和百叶为救百姓于水火，勇敢地凿破岩壁，引来山泉，也终因尽了气力，被泉水所吞没。后来，乡亲们在泉水中找到了两株美丽的小花，就称之为金盏银台和百叶水仙，经过精心培育，成为今天成规模、闻名中外的漳州水仙花基地。

七、鹤岭晴烟

位于漳州市区以东 10 公里处的云洞岩，相传隋开皇年间，曾有潜翁隐居山上养鹤修道，山下时闻鹤鸣，故名鹤鸣山。因山上有一石洞，每当天将降雨，云雾从洞中飞出，待雨雾天晴，云雾又飘回洞中，故又名云洞岩。如图 3-24 所示。

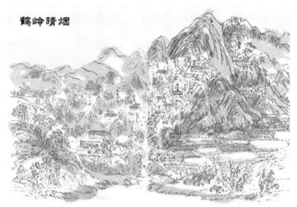

图 3-24　鹤岭晴烟

云洞岩海拔 280 米，山上布满花岗岩石，奇形怪状，层层叠叠，构成无数幽深石洞和奇特的山石风光。最大的石洞为千人洞，最高石峰为天柱峰，还有一线天、月峡、风动石等景观。

云洞岩被誉为"闽南第一碑林"，摩崖石刻比比皆是，行、草、楷、篆各体兼备，共 150 余处。最早的是五代时期的"许碏寻偓佺子至此"题刻，至今已1000 余年。在天柱峰百丈峭壁上，刻有"搔首"二字，每字 2 米见方，是云洞岩最大的石刻。

明代翰林学士丰熙的《鹤峰云洞游记》石刻，书法遒丽，全文 1100 多字，为国内碑林所罕见。宋代理学家朱熹曾在云洞岩讲学，并留下"溪山第一"、"石室清隐"两处题刻。明代道学家蔡烈也曾在此隐居著书讲学，现尚存蔡烈墓及碑亭。

八、丹溪晓日

丹溪指南门溪，即今九龙江西溪。根据有关资料分析，丹溪晓日景观是指在漳州古城东南角威镇阁处，于清晨时分欣赏白云岩山头上的第一缕阳光（见图3-25）。

图 3-25　丹溪晓日

第四章
漳州古城价值与特色

保护与开发古城首先要加强对古城历史文化价值的研究，城市的历史记忆、民族特色和地域特点，反映着一方水土、一方民众的历史、社会和思想的变迁，建筑诗章、历史风貌、民族风情、市井民俗等传统文化，使得城市的记忆真实可触、家园多姿多彩。本章通过开展漳州古城文化遗产资源的系统研究，旨在厘清古城历史发展脉络，充分发掘古城历史文化内涵和特色，全面、客观地认识古城的历史文化价值和独特个性，为漳州古城历史文化价值的传承提供科学依据。

第一节　格局完整、型制独特的千年古城

漳州市山川秀美，唐朝漳州刺史柳少安这样盛赞漳州的山川形势："大江南旋而东注，诸峰北环而回顾。"宋朝陈淳这样称颂漳州地形："自天宝发脉十二峰起伏南来，至是超然突起，枕三台，襟两河。"宋本府志把漳州山川形势概括为："天宝紫芝奠于后，丹霞名第拱于前，鹤峰踞其左，圆山耸其右。"

从形胜上讲，"漳州府控引番禺，襟喉岭表"，是由闽入粤的咽喉。"天宝紫芝奠于后，丹霞名第拱于前"即天宝是来龙之祖山，芝山是背靠之主山，而丹霞、名第是古城的案山。"两山拥翼，二江襟带"即天宝大山发脉行龙之涌为州

治，实郡之宗祖；圆山雄踞西隅，镇翼右臂，实郡之藩屏；西江绕抱州治，实为郡右襟带；九龙江绕郡东臂，实为郡左襟带。龙溪县即"两溪合流，四山环胜，龙川、锦江萦带于前，麟凤鬼蛇耸翠于左"。这从《龙溪县志》的舆图上即可看到（见图4-1）。

图4-1 《龙溪县志》舆图

自公元786年，漳州刺史陈谟将州治由漳浦李澳川迁址龙溪桂林村至今，漳州古城已经历了1230年的建城史。漳州古城是在古龙溪县城的基础上发展而成，历经唐、宋、元、明、清、民国至今，其"枕三台，襟两河"、"九街十三巷"、"古龙溪县轴线"、"漳州府城轴线"、"府衙轴线"等古城格局完整、风貌依旧，同时，在有外围大府城的条件下，为区别府、县而采取的"以河代城，以桥代门"的建城型制，以及"三面城河，一面城墙围"的城中城做法，是在传统建城型制下的变异形式，在我国历史文化名城格局中具有独特地位。

第二节　博采众长、独具特色的建筑奇葩

漳州古城建筑风格既有传承自中原建筑传统的唐代风格建筑，如文庙、石牌

坊等，也有衍生于漳州本地地理环境气候的闽南风格建筑（见图4-2），如"骑楼"（见图4-3）、"竹篙厝"、"胭脂砖"、"燕尾脊"、"圆枋脊"等，同时也有舶来自东南亚的南洋风格建筑，这些风格和元素相互融合，共同组成了漳州古城具有独特风格的建筑特征。

图 4-2　闽南民居

图 4-3　五脚距（骑楼）

漳州大地自陈政、陈元光父子率府兵平定叛乱、入住漳州、建制州治开始，不仅带来了中原汉人的生产生活方式，而且也沿袭了中原地区传统的建城型制和建筑特征，在城池的拓建、街坊的划分、建筑的布局和形式等方面，都具有明显的中原传统形式。漳州古城背山面水、中轴对称、左祖右社、左文右武；街巷肌理横平竖直、空间尺度亲切宜人，与北方胡同类似；民居建筑吸收了北方四合院民居的布局形式，以围合为基本特征，部分为大围合套小围合，或者在东、西、北三面加护厝。

建筑屋顶形式有歇山、攒尖、悬山、硬山等，建筑立面基本采用三段式，建筑构造继承了中原地区的夯土形式。同时，在随后的发展演变中，为了适应闽南地区雨水多、日照充足的地方气候特征，在传统中原建筑形式的基础上，衍生出"深挑檐"、"燕尾脊"、"圆枋脊"、"胭脂砖"等建筑特征与元素，也奠定了闽南建筑风格。

此后，随着清末闽南人的出海谋生，民国时期侨胞回漳起厝定居，以及陈炯明主政漳州，受西方殖民主义影响深远的南洋建筑风格也被带到漳州，并与漳州本地的建筑风格相结合，形成"骑楼"、"竹篙厝"、"胭脂砖"等具有闽南地域特征的建筑样式，出现一批中西合璧的商业性及居住性建筑。

漳州中心城区内还保存有漳州古城片，新华东路（岳口段）、新行街、浦头街历史街区，湘桥等成片的较完整的民居群，这些民居，大至院落规模、总体型制、建筑结构、整体风格，小至墙面铺砌、门窗样式、材料色调，无不体现着漳州清代闽南典型建筑所特有的时代特征与地域特色，并且糅合了南洋的建筑元素与风格。

旧城商业街具有其独特的风貌，沿街建筑多数形成以传统民居形式为主、近代西洋古典立面为补充的骑楼建筑群，底层作为店面，二层作为居住用房，形成尺度宜人的街道空间，车行与步行分流，又可为行人遮风避雨，建筑以木结构和砖木混合结构为主，木墙面居多，胭脂砖和抹灰墙面次之。除此之外，受西洋古典建筑影响的中西合璧的门窗形式、底层商业形式、多样的店面铭牌，共同形成漳州街道鲜明的特色。

分布在漳州西部和南部崇山峻岭中的福建土楼，依山就势，布局合理。它吸收了中国传统建筑规划中的"风水"理念，适应聚族而居的生活和防御要求，采用圆形、方形、椭圆形、弧形等形状，巧妙地利用了山间狭小的平地和当地的生土、木材、鹅卵石等建筑材料，是一种自成体系，具有节约、坚固、防御性强的特点，又极富美感的生土高层建筑类型，是世界上独一无二的山区大型夯土民居建筑，也是创造性的生土建筑艺术杰作。

因此，漳州建筑特征是在继承了中原建筑风格，适应了闽南地区气候条件，并借鉴了南洋建筑风格后，博采众长，不断发展演变融合后，形成的独具特色的闽南建筑风格，在中华大地上是一朵独具地域特征的建筑奇葩。

第三节　遗存众多、弥足珍贵的历史记忆

漳州大地钟灵毓秀，历史悠久，遗迹众多。众多的文物古迹记载了漳州先人的光辉业绩和灿烂文化。这些遗迹中有碑刻、砖塔、石幢；有遗构巨寺、经舍、祠庙、宝塔；有古桥、古树、遗迹和古宅等。

一、世界文化遗产

漳州土楼遍布于漳州市的南靖、华安、平和、诏安、云霄、漳浦等山区。它因造型奇异、风格独特而被誉为"神话般的山区建筑"（见图4-4）。被正式列入《世界遗产名录》的共6处24座，分别是南靖县书洋镇田螺坑土楼群（5座）、南靖县书洋镇河坑土楼群（13座）、南靖县书洋镇塔下土楼群（1座）、南靖县梅林镇怀远楼（1座）、南靖县梅林镇和贵楼（1座）、华安县仙都镇大地土楼群（3座）。漳州土楼产生于宋元时期，经过明代早中期的发展，明末、清代、民国时期逐渐成熟，并一直延续至今，以其独特的建筑风格和悠久的历史文化著称于世。

图4-4　世界文化遗产（土楼群）

漳州土楼以生土为主要材料，掺上石灰、细砂、竹片、木条等夯筑而成，一般高三至五层，一层为厨房，二层为仓库，三层以上为起居室，可居住 200~700 人，也具有聚族而居、防盗、防震、防兽、防火、防潮、通风采光、冬暖夏凉等特点。2008 年 7 月，"福建土楼"被联合国教科文组织世界遗产委员会列入世界文化遗产名录。2011 年 9 月，福建土楼·南靖景区成功晋级国家 5A 级旅游景区。

二、历史文化名镇、名村

漳州拥有 24 个历史文化名镇、名村，包括国家级历史文化名镇 1 个、国家级历史文化名村 3 个、省级历史文化名镇 3 个、省级历史文化名村 17 个。这些历史文化名镇、名村都是漳州走向世界的独特文化名片，具有不可替代的历史文化艺术价值和科学价值。

（一）国家级历史文化名镇

平和县九峰镇。平和于明正德十二年（1517 年）建县，县治设在九峰，首任行政长官为著名思想家、教育家王阳明先生。九峰镇于 2010 年被住建部与国家文物局联合评选为第五批中国历史文化名镇，成为漳州市唯一获此殊荣的历史文化名镇。现有县级以上文物保护单位 21 处，分布大小各类土楼 45 座。另有明代城墙遗迹、县衙遗址、塔址、古窑址、古井、摩崖石刻以及具有闽南典型特征的近代商业街区。古镇除数不胜数的名胜古迹外，其所在地周边还有"闽南最高峰"大芹山、西岭暮霞、石潭秋月等丰富的自然景观。

（二）国家级历史文化名村

（1）南靖县书洋镇田螺坑村。田螺坑村是一个土楼村落，由 1 座方形、3 座圆形和 1 座椭圆形共 5 座土楼组成，有"四菜一汤"之称。居中的方形步云楼和右上方的圆形和昌楼建于清嘉庆元年（1796 年），以后又在周边相继建起振昌楼、瑞云楼、文昌楼。五座土楼依山势错落布局，在群山环抱之中，居高俯瞰，像一朵盛开的梅花点缀在大地上，又像是飞碟从天而降，构成人文造艺与自然环境巧妙天成的绝景，令人叹为观止，是民居建筑百花园中的一朵奇葩。2001 年 5 月被列入国家重点文物保护单位。

（2）龙海市东园镇埭尾村。埭尾村位于东园镇西部、南溪下游。登高望远，埭尾两百多座大厝对称排列，燕脊高翘，尽展闽南建筑风格。远山含笑，一弯清水将埭尾大厝环抱其中，荡舟拨桨即可绕村而游。埭美古厝群距今已有四五百年的历史，依然保持着较为完整的空间格局、古建筑群和历史环境，也因此成为福建省文化遗产保护领域的重要组成部分。埭美水上古厝群由"开漳圣王"陈元光第31世后裔陈仕进开基，由276座古厝组成，是漳州市最大的、保存最完整的古代民居建筑群，被誉为"闽南第一村"（见图4-5）。

图4-5　埭尾村

　　（3）平和县霞寨镇钟腾村。钟腾村位于霞寨镇西南部，始建于公元1680年左右，距今已有300多年的历史。钟腾村为土楼村落，主要建筑类型有坛庙祠堂、书院学堂、民居。土楼平面布局主要有传统方圆围合土楼、传统合院民居及土楼衍生民居（一字单元）三种形式。钟腾村传统建筑具有明显的地域和民族特征，钟腾村位于闽西南山区，正是福佬与客家民系的交汇处，聚族而居既是根深蒂固的中原儒家传统观念要求，更是聚集力量、共御外敌的现实需要。

　　（三）省级历史文化名镇

　　（1）南靖县梅林镇。梅林镇共有各种土楼900多座，是名副其实的"土楼王国"，土楼群依山傍水，沿线有节孝旌表坊、石旗杆、石拱桥，胜似一幅"小桥流水人家"的泼墨山水画。有世界文化遗产"和贵楼"、"怀远楼"，有中国景观村落"梅林村"、"官洋村"，有"七星伴月"土楼群，以及"翠玉轩"古私塾、南华岩、土楼妈祖庙、节孝旌表坊、岩永靖军政委员会旧址纪念馆、科岭革命烈士纪念碑、生态观光茶园等特色旅游资源。这里山峦蜿蜒、秀水环山，素有"小漳州"、"小台湾"之美称，被中国民族优秀建筑专家评审委员会授予2009年第一批中国民族优秀建筑——魅力名镇称号。

　　（2）东山县铜陵镇。东山县铜陵镇是一座具有六百余年文化积淀的历史文化古城和海疆军事重镇。铜陵山川秀丽，自然景观得天独厚，人文景观丰富，聚集了天下第一石——风动石，全国四大名屿之一——东门屿，洁白的南门沙滩，岵嵝山、九仙山等名胜古迹，近海有 30 多个小岛屿，冬暖夏凉，气候宜人。铜山古城几经破坏、几经恢复，历尽沧桑，如今仍保护比较完好。更有丰厚的历史文化积淀，名人辈出，"古有黄道周，今有谷文昌"。文物古迹十分丰富，全镇各级文物保护单位 32 处，还有众多历史文物点。地方特色有海洋文化、黄道周文化、关帝文化与对台文化，民俗节庆、传统手工艺与传统产业十分丰富繁荣。

（3）云霄县火田镇。"开漳首府"云霄县火田镇，地处云霄县城东北部，四面环山，境内山丘遍布。火田镇建制于唐仪凤二年（677 年），开漳圣王陈元光代父为将平抚"啸乱"，建宅屯兵垦荒，建州于火田西林城，是漳州郡治的发祥地。火田镇是闽南文化之基，具有丰富的历史文化底蕴，如潮剧文化被列为国家非物质文化遗产保护名录。全镇有 4 处省级文物保护单位——军陂遗迹、菜埔堡、西林张氏家庙和五通庙，以及乞丐岭遗址、陈政故居等 26 处县级以上文保单位，此外还有为数众多的庙宇、碑刻、寺院，历史文化资源极为丰富，与宝岛台湾有着密切的历史文化渊源。除了开漳圣王文化特色外，此地还盛产水果，拥有丰富的地热资源，被誉为水果之乡、温泉之乡。

（四）省级历史文化名村

17 个省级历史文化名村分别为：龙文区 1 个（蓝田镇湘桥村），龙海市 1 个（港尾镇城内社村），漳浦县 1 个（佛昙镇轧内村），云霄县 3 个（火田镇西林村、火田镇菜埔村、莆美镇阳下村），诏安 3 个（西潭乡山河村、桥东镇西沈—西浒村、金星乡湖内村），平和县 1 个（秀峰乡福塘村），南靖县 4 个（书洋镇塔下村、书洋镇石桥村、书洋镇河坑村、奎洋镇上洋村），华安县 1 个（马坑乡和春村），长泰县 2 个（岩溪镇珪后村、枋洋镇林溪村）。

三、文物古迹

漳州市历史悠久古迹多、人文荟萃名流多、风光秀丽名胜多。拥有全国重点文物保护单位 24 处，省级文物保护单位 116 处，县（市、区）级文物保护单位 800 多处，普查登记在册的不可移动文物 4731 处。其中，位于漳州中心城区的全国重点文物有 10 处，省级文物 27 处，市级文物 63 处，共计 100 处。同时，漳州涉台文物资源十分丰富，全市共有涉台文物保护单位 306 处，位居全国首位，其中属于国家级保护单位的共有 17 处。各级文保单位和众多的涉台文物，是研究闽南文化的重要基石，也是研究闽台文化、加强两岸联系、促进祖国统一的重要载体。本章重点介绍位于漳州中心城区的 10 处全国重点文物保护单位。

（一）漳州石牌坊

漳州石牌坊（见图 4-6）位于福建省漳州市芗城区香港路、新华东路，共有四座石牌坊，"尚书探花"坊和"三世宰贰"坊分别建于明万历三十三年（1605年）和万历四十七年（1619 年），两坊相距 28.5 米，均为仿木结构，三间五楼十二柱，南北向布局。"勇壮简易"坊和"闽越雄声"坊建于清康熙四十六年（1707年）和康熙六十一年（1722 年），两坊相距 159 米，仿木结构，亦作三间五楼十二柱，东北、西南朝向。石坊雕刻细腻，工艺精美，是研究闽南石雕艺术的珍贵资料。

图 4-6　漳州石牌坊

（二）漳州江东桥

漳州江东桥为宋代石梁桥，位于龙海市榜山镇与台商投资区角美镇接壤处，横跨九龙江上（见图 4-7）。宋绍熙年间始建浮桥，宋嘉熙元年（1237 年）易梁以石，历时三年，建成石桥。元、明、清各代，桥身屡修屡毁。民国十七年（1928 年）因开拓漳嵩公路，在石桥上方加建钢筋混凝土公路桥，抗战期间公路桥被毁，1972 年又加以重建。

图 4-7　漳州江东桥

古江东桥原长 300 多米，19 孔，孔径大小不一，其中最大孔径为 21 米左右。由于年代久远，几经浩劫，目前仅存 5 个古石桥墩，上架六道巨型石梁，其中最大的一根长 24 米，厚 2 米，宽 1.8 米，重约 200 吨。据现代材料力学计算，这根最大的石梁在自重作用下，已达其抗拉极限的十分之九，就是说，如果再长，就会在自重作用下断裂，说明我国古代建桥者在把握石材的性能方面达到了相当高的水平。江东桥是我国古代十大名桥之一、中外桥梁建筑史上的奇迹，被《世界之最》一书列为世界最大的石梁桥。

（三）漳州文庙

漳州文庙（见图 4-8）大成殿位于芗城区修文西路 2 号。始建于南宋绍兴九年（1139 年），明成化十八年（1482 年）重修，现为明代建筑。该殿面阔五间 23.2 米，进深五间 23.7 米，建筑面积 625 平方米。屋顶为重檐歇山顶。前檐六根廊柱为浮雕蟠龙石柱，其他皆为花岗石圆柱。下檐梁架皆为插入金柱的三步梁

图 4-8　漳州文庙

架，硬挑单挑出檐。上檐在额枋之上施弯拱叠枋偷心式斗拱一圈，除柱头及转角外，补间斗拱施一朵至二朵，斗拱外檐出檐部分为单抄三叠下昂制式。斗拱之上安设穿斗架式屋架草架，草架柱落在柱头科齐心斗上。斗拱之上设井口天花。该殿屋檐起翘显著，两山山尖升起较高，正脊弯起，山花挑出山柱之外，以上诸点皆反映了早期闽南建筑的特征，是闽南大型殿堂建筑的重要实例。

（四）漳州林氏宗祠（比干庙）

漳州林氏宗祠位于芗城区振成巷内，系漳州七县林姓氏族合建的大宗祠，因供奉林氏始祖比干，又称"比干庙"（见图4-9）。宗祠同时还作为接待本宗赴考往来生员之用。宗祠原规模宏大，为三进带东西两庑式的建筑群，现前后进和两庑均已毁，仅存中进四方殿和东侧厢房与主体连接部位的回廊，其中大殿建筑面积228.72平方米。

图4-9　漳州比干庙

殿体坐北向南，面阔三间，进深五间，重檐歇山顶，下檐不围合，留有回廊的痕迹。梁架系彻上明造做法，草架为穿斗式结构。进深第一间的明栿设轩顶式梁架；进深第二、三间明栿的明次间均设有内檐斗拱，为五铺作出单抄单上昂偷心造法式；进深第五间施抬梁式五架梁。外檐部分在下檐额枋上施弯拱叠枋偷心式斗拱一圈，除柱头及角科外，明间置平身科四攒，次间置两攒，为五铺作出单抄单下昂、里转五铺作出单抄偷心造法式。

宗祠始建年代无考，清末曾有修葺，其建筑风格与漳州文庙大成殿相仿，承袭了宋元时期的结构遗风。在现存梁架法式中，草架落于明栿金柱的交互斗上，保留有早期"插柱造"的做法；内外檐斗拱的柱头科、角科、平身科均保留了施上下真昂的型制，是研究闽南殿堂建筑的重要实例。

（五）白礁慈济宫

白礁慈济宫（见图 4-10）俗称"慈济西宫"，位于漳州台商投资区角美镇白礁村。宋高宗绍兴二十年（1150 年）为祀白礁民间名医吴夲敕建，历代均有修葺。为三进宫殿式建筑，沿中轴线依次为山门、前殿、拜殿、大殿、后殿，建筑面积 2635 平方米。主体建筑大殿重檐歇山顶，面阔五间，进深三间，殿内雕梁画栋，屋顶飞檐高翘，华丽壮观。现存宫前的石狮、古井及殿前石壁上五幅"飞天乐伎"、"狮子戏球"浮雕，均是宋代遗物。白礁慈济宫亦是台湾同胞寻根谒祖的胜地之一。

图 4-10　白礁慈济宫

（六）林氏义庄

林氏义庄（见图 4-11），又称永泽堂林氏义庄，创建于嘉庆二十四年（1819 年），位于漳州台商投资区角美镇杨厝村过井社，它是清中后期闽台两省著名的慈善机构，创建人为清代开发台湾有功志士林平侯。林平侯，字向邦，福建省龙溪县二十九都白石堡吉上社人（今角美镇杨厝村过井社），清乾隆四十五年（1780 年）随父林立寅赴台兴办实业，成为台湾五大财团之一。林平侯有功而被清廷重用，历任浔州通判，桂林同知，南宁、柳州知府，后引病归台。"平侯致富，仿范仲淹义庄之法，置良田数百甲为教养资"（摘自《台湾通史》列卷五），清嘉庆二十四年（1819 年）林平侯于龙溪故里过井社筹建义庄，两年建成，命名为"永泽堂林氏义庄"。道光元年（1821 年）义庄开始办理赡赈业务，救济宗亲，后经儿子林国华、孙子林维源、曾孙林尔嘉（字叔藏，号尊生，厦门鼓浪屿菽庄花园创建人）四代相传办理义庄。抗日战争开始后，由于交通阻隔，义庄停止赡赈。义庄施善历经 116 年的时间。

图 4-11　林氏义庄

林氏义庄的建筑形式具有闽南地区传统民居住宅风格，占地面积 10260 平方米，建筑面积 3730 平方米。义庄主体群建筑为三幢二进大厝，石砖木结构，单檐硬山顶。庄园坐西北向东南，中轴线自东南而西北依次为鱼塘、栏杆、埕院、三幢大厝、花园、围墙。

（七）天一总局旧址

天一总局旧址（见图 4-12）位于漳州台商投资区角美镇流传村，"天一总局"全称为"郭有品天一汇兑银信局"，系由旅居菲律宾华侨郭有品于清光绪六年（1880 年）在其家乡（时称龙溪县流传社，即现在的龙海市角美镇流传村）创办。

图 4-12　龙海天一总局旧址

天一总局旧址的苑南楼始建于清宣统三年（1911 年），后经购地扩建，于 1921 年又建成北楼和"陶园"（花园）。以北楼作为天一总局的办公业务经营大楼。天一总局总建筑面积4495平方米，整座大楼别具"南洋"风格，是典型的中西合璧式建筑，结构优雅大方、雕栏刻栋、古色古香。北楼向西并列是三进式大厝，两旁紧栓双边雨屋，屋后紧连苑南楼，北楼与苑南楼之间有钢筋混凝土天桥连接。原来的"陶园"占地3000多平方米，建有亭台、楼榭、假山、猴洞、鱼池、花圃、石砌小道，曲径通幽、群花争艳、草木显秀。在当时农村之中可谓鹤立鸡群、一花独秀。岁月沧桑，时代变迁，天一总局遗址历经百年，虽貌非昔比，但作为见证历史的时代产物，它的历史价值是不可低估的。

（八）中国工农红军东路军领导机关旧址

中国工农红军东路领导机关旧址（毛泽东旧居）位于芗城区胜利西路芝山南麓，包含红军进漳纪念馆（芝山红楼）（见图4-13），中国工农红军东路军领导机关旧址2号、3号、6号楼四栋楼。

图4-13　红军进漳纪念馆（芝山红楼）

芝山红楼原为美英基督教会创办的漳州寻源中学校长楼，占地704平方米，建筑面积480平方米，为西式双层红砖楼，有地下室，现辟为纪念馆。1932年4月20日，毛泽东率中国工农红军东路军攻克漳州后，在此居住，指导地方党组织创建红军独立团和工农民主政权，总结漳州战役经验，制订第二次行动计划，具有较高的历史研究价值。

2号、3号楼为原寻源中学教学楼，由厦门营造公司设计监造。其窗下墙的清水砖斜交砌法为漳州孤例。在漳州建筑史、教育史、宗教史、文化史等方面具有很高的价值。

（九）陈元光墓

陈元光墓（见图4-14）位于漳州市郊浦南镇石鼓山，距市区15公里。墓碑题"唐开漳陈将军墓"，墓前有石羊、石狮及华表各一对。他厉行法治，重视垦荒，兴修水利，对开发漳州做出了卓越贡献。景云二年（711年），值粤东流寇陈诚复起于潮，十一月初五潜抵岳山。陈元光将军于出巡途中闻警，率轻骑讨之，因步兵后至，为贼将所刃，竟以身殉。陈将军终年55岁，初葬于漳浦，后移葬今址。陈元光被后人尊为"开漳圣王"，在闽台的影响巨大，多年来人们为"开漳圣王"立庙奉祀，香火如昔。

图4-14 陈元光墓

（十）莲花池山遗址

1989年底发现的莲花池山旧石器时代遗址（见图4-15）位于市区北环城路岱山村村北路段。当时在这里建设北环城路，考古人员在莲花池山地表捡到了8万～4万年前的小石器。1990年5月，中国科学院古脊椎动物与古人类研究所、福建省博物馆、漳州市文化局联合组成发掘队，对莲花池山遗址进行了试发掘。发现了以砾石英结晶体、硬砂岩为原料打制的23件石制品，其中有石核、石片、砍斫器和刮削器4种，属距今约8万～4万年的旧石器。在上层的红黄色砂质土中发现了小型石制品，以黑褐、黑灰、青白、灰白色燧石打制而成，年代在距今1.3万～0.9万年（见图4-16）。这一次试发掘被认为是"闽台史前考古的重大发现"、"填补了福建省旧石器文化的空白"。我国著名的古人类学专家贾兰坡认为，这里发现的小石器独具特色，不仅以凹刃的居多，而且刃口多是特意修制出来的，是我国关于旧石器时代考古的一大突破。

图 4-15　莲花池山遗址

图 4-16　莲花池山发掘的小石器

第四节　源远流长、独树一帜的文化核心

纵观漳州的发展史，可以说是闽越文化、中原文化、海洋文化等各种文化融合、发展的历史。春秋战国以前，漳州先民在此劳作生息，以闽越文化为主；汉唐以来，漳州书院、讲学堂屡兴不止，中原文化的诗书礼乐在漳州传播衍存；宋代朱熹知漳州后，"笃意学校、力倡儒学"，更使漳州人文荟萃，贤能辈出；明清

时期海洋贸易兴盛一时，海外文化随之而来。闽越文化、中原文化、海洋文化相互融合，共同形成闽南文化，并且随着漳州人的不断播迁，闽南文化不断传播到中国台湾、南洋一带，进一步强化了漳州作为闽南文化的发祥地和核心区的地位。

一、闽越文化——溯源

闽越文化是福建地区上古时代的居民创造的地方文化，是指自旧石器时代闽越族先民创造的上古土著文化至汉唐时期闽越土著文化与中原汉族文化相互融合、互动产生的混合型文化，大致分为三大历史时期：前闽越文化，为闽越文化之萌芽阶段，时间上包括旧石器时代至商周时期；闽越文化，为闽越文化之形成与发展阶段，时间上包括商周时期至闽越国亡；后闽越文化，为闽越文化与中原文化融合及其转型阶段，时间上包括汉代中叶以后至唐末。[①]闽越土著文化示例如图 4-17 所示。

图 4-17　闽越土著文化

闽越文化是在商周土著文化的基础上，吸收了吴越文化和中原文化的进步因素融合而成的新的文化形态。先进的铁制农具的使用与传统的"火耕水耨"的耕作方法相结合，"饭稻羹鱼"的生活方式，发达的制陶工艺，独具特色的建筑业，历史悠久的纺织业和造船业，是其物质文化较为突出的几个方面；以干鱼祭祀，断发文身，以蛇为图腾，迷信鸡卜，拔牙饰齿，则构成了其精神文化的主要内容。闽越文化对漳州文化的形成和发展产生了深远的影响，至今还不同程度地被保存下来。

---

① 薛菁，汪征鲁.关于闽越文化若干问题的探讨 [J].福建师范大学学报（哲学社会科学版），2007（2）.

如闽越文化对鬼神的崇拜，长期左右着漳州人的精神世界和日常生活。闽越人对难以预测和把握的现象，感到是鬼神在起作用，于是希望鬼神能保佑自己。《长泰县志》称，长泰俗："畏法惧讼，信鬼尚巫"；《平和县志》称，平和俗："重亲尚鬼"。漳州各地敬奉神佛的地点特别多，到处都是各种各样的大小宫庙，家家户户厅堂里都设有神龛，人们频于烧香拜佛、拜祭神灵。

如闽越文化中的蛇崇拜至今仍在漳州一些区域存在。平和三平寺与漳浦交界带的村民一直把蛇尊为"侍者公"，把蛇当作神明加以顶礼膜拜，蛇与人同床更是司空见惯，当地人如能遇见蛇则是吉祥的象征。

又如舟楫文化发达，漳州面对浩瀚的大海，境内又江河湖泊众多，所以闽越人善于驾舟和水上航行。长期以来，漳州人"力海为田"，由闽越人"以舟为车，以楫为马"这种传统发展、衍生出海外贸易这个更具潜力的行业，并使之成为漳州这一地域社会的另一传统。

总之，闽越文化具有当地土著文化的特征，又包含了吴越文化和中原文化的众多因素，是融合型的边疆民族文化。由于漳州独特的自然地理环境，培育了闽越人"山处水行"的生活方式和文化形态，衍生出以山海相交为特征的生态经济体系，创造了闽越文化内陆性和海洋性相结合的文化特质。随着历史的进程，闽越文化中的优秀因子一直传承至今，成为漳州文化的重要组成部分。

二、中原文化——主体

在中国历史上，以河南省为核心的黄河中下游区域又称中原地区。中原自上古至唐宋，一直是主导整个中华文明发展的核心地域，是中国的政治、经济、文化中心，中原文化是中华文化的重要源头和核心组成部分。中原地区以特殊的地理环境、历史地位和人文精神使中原文化在漫长的中国历史中长期居于正统和主流地位，中原文化一定程度上代表着中国传统文化，是中华文化之根。中原文化示例如图4-18所示。

唐高宗时期，陈政、陈元光父子奉旨入闽平獠，并建立了漳州和漳浦县，从中原带来78姓府兵、9000多名将士入漳，在漳州大地驻扎下来，这是从中原南迁进入漳州地区人数最多的一次。漳州这片长期被称为蛮荒之地的疆域，进一步纳入中原政权的控制之下，黄河流域的血脉和文化大量地注入了这块湿润的土地。陈元光主政漳州后，从经济上、政治上、文化上大力实施了一系列优抚政

图 4-18 中原文化

策，结束了汉族与闽越各族间长期的武装对抗，为漳州地区带来了先进的中原文明，加快了漳州的历史发展进程，最终奠定了中原文化在漳州的主体地位。

在政治上，陈元光祖孙数代是儒家政教思想的实践者，由于他们的实践，蛮荒之地的少数民族归顺了朝廷，统治力量得到加强，唐朝各种规章制度在漳州地区得到了有力地推行，中原文化随之发扬光大。

在经济上，陈元光提倡奖掖农耕、寓兵于农，拓土垦荒，积极屯田，兴修水利，障海为田，传中原先进技术，改刀耕火种，发展农业，平均徭赋，通商惠工，促进了经济社会的发展。快速发展的生产力，使漳州经济迅速繁荣，昔日闽越的蛮荒之地，一跃变为富庶之疆。

在文化上，自陈元光开漳之日起，当地的文化建设也同步进行，陈元光在官职中设专司教育的"文学"官员，并创办松州书院，当地人才的选拔走上封建科举之轨。正如陈元光在《谢准请表》中所称，"化蛮獠之俗为冠带之伦"，昔日的文化贫瘠之地，成为文明礼仪之邦，居民的血统、心理素质和民族意识自此与中原息息相通，源远流长。①

南宋期间，大批中原人士为避乱迁徙而至漳州者数量众多，成为唐朝陈元光开漳以后中原汉人南迁活动的又一高潮。此次南迁汉人为漳州地区再次带来了中原地区的经济发展方式和文化形态，使得漳州地区的中原文化主体得到进一步的

---

① 陈汉洲，曹丽薇.陈元光及开漳文化的产生和影响[J].辽宁省社会主义学院学报，2008（37）.

发展和成熟。明清以后，成规模的汉人南迁活动较少，漳州与中原地区的文化联系由于山体阻隔、交通不便等因素而减少，文化形态仍旧以盛唐时期的中原文化为主体。

三、海洋文化——增色

海洋文化是因海洋而生的文化形态，是人类在认识海洋、利用海洋，进行海洋物质生产活动、经贸活动的过程中，在利用海洋进行交往与移民的过程中，在海洋展开经济斗争、政治斗争、军事斗争的过程中逐渐形成与发展起来的。随着人类海洋活动的扩展与深化，海洋文化的积淀也日益深厚，内涵日益丰富。

海洋文化是漳州历史文化的一个重要方面，明清时期，闽南海洋经济发展迅猛，漳州月港（今龙海海澄）成为闽南对外贸易的重要商港，是中外海商互市的贸易中心。海上交通的发展促进了中外文化的交流，大量漳州人出海谋生。漳州民众在川流不息、代代相承的海洋活动中，形成了显著的海洋文化特征。

一方面，富有开拓进取的拼搏精神。漳州沿海居民世代以海为生，但"走海行船无三分生命"，海上遭风暴、遇礁石船毁人亡、葬身鱼腹是常有之事，遭遇海盗抢劫也不可避免。而为了生计他们又必须铤而走险，这样无形中成就了沿海人的冒险拼搏精神。同时，远离大陆、远离故土，去探索更加未知的世界，去拓垦未经开发的蛮夷之地，必须具有加倍坚韧、勇毅的勤俭拼搏精神才能立足。久而久之，环境改变了，而世代相承的这一精神却流传了下来。

另一方面，具有兼收并蓄的开放意识。相对于民风较为淳朴守旧的中国北方和内地，漳州人更具开放和向外发展的意识。由于海事活动技术性强、风险大、覆盖范围广、接触面宽，这使它比内陆的农耕活动更有必要也更有条件接受外来的新事物。而且海洋活动双向贸易、双向移民的结果，使得海洋社会的人们更习惯于甚至是乐于接受外来的事物，对于与己不同的物品和现象更加包容。海纳百川，有容乃大，海洋的博大造就了漳州人宽广、包容的胸怀。

四、宗教与民间信仰文化——纽带

漳州的宗教与民间信仰文化，继承了唐宋时期中原汉人对佛教、道教两个传统宗教的信仰习惯。

东晋以后，中原人口几度大批南迁，进入漳州流域，佛教信奉随之传入，漳州佛教徒渐多，寺庙兴起，渐有"闽南佛国"之称。唐朝开漳设州之后，由于朝廷对佛教的推崇，漳州佛教文化也兴盛起来。

唐朝开元年间（713~741年），建于芝山南面山脚下的开元寺，其规模居全省各州佛寺之首。公元826年，晚唐高僧杨义中在开元寺后面创建"三平真院"，宣扬佛法。公元845年，因唐武宗李炎废佛汰僧，义中大师率领众僧尼艰难跋涉至平和境内的九层岩避居，并兴建了三平寺院，成为了闽南地区风景秀丽、香火旺盛的千年古刹。

陈政、陈元光开发闽南后，带来了家乡所奉祀的关羽神像香火，开启了闽南地区对关羽的祀奉习俗。后来，历代帝王大力颂扬关羽的忠义精神，民间供奉关羽的香火更加旺盛，闽南地区的关帝文化日益浓厚。明清时期，伴随着海上交通发展而来的基督教、天主教等外来宗教成为了漳州宗教与民间信仰文化的补充。

漳州最具特色的宗教与民间信仰文化是对人神的崇拜与信奉。在漳州众多的宗教活动场所中，所供奉的神像除50位左右为全国性或其他地区传入的神明外，绝大多数为本地产生的，并且在历史上真实存在过的，所传颂和推崇的多数是该人物在开疆拓土、忠义为国、救难治病、教书育人等方面的事迹或精神，如纪念唐代开漳圣王陈元光的威惠庙，纪念三国忠义化身关羽的关帝庙，纪念唐代救苦救难的广济大师的三平寺，纪念宋代治病救人的民间名医、保生大帝吴夲的慈济宫，纪念明代刚正不阿、教书育人的林太史公的太史公庙（云山书院）。

漳州的宗教崇拜具有强烈的地域特色，这种极具地域特征的宗教与民间信仰文化，随着闽南人走向大海而不断传播到中国台湾、南洋等地，成为了连结海峡两岸、海外侨胞的重要的文化纽带。

五、文化小结

漳州文化是以盛唐时期的中原文化为主体，与设置州郡之前原有的闽越文化相结合，明清时期不断吸收海洋文化，多种文化在闽南地区特定的自然地理和社会环境中融合发展、积淀成熟，并在晚清、民国时期向中国台湾、东南亚等地不断传播的闽南文化。它是中华文化大家庭中极具地方特色的亚文化，具有包容性、开放性、多样性的特点。漳州是闽南文化的发祥地和核心区。

第五节　商贾云集、声名远扬的海丝锚地

　　闽南濒海的自然地理环境与早有传承的海洋人文，使得一部分移民毅然走向大海，或耕海牧渔，或从事海上贸易。早在唐宋时期，东南沿海人民已出海贸易，但真正大规模地到世界各地经商贸易并客居外国是从明末清初私人海上贸易开始的。

　　到了明代，闽南海洋经济发展迅猛，漳州月港（位于龙海海澄镇）（见图4-19）是继泉州刺桐港之后，明朝中后期中国最大的对外贸易港口，是闽南对外贸易的重要商港，是中外海商互市的贸易中心，号称"闽南一大都会"。它上承宋元时期的泉州"海丝"文化，下启清朝中后期的广州"海丝"文化。

图4-19　漳州月港遗址

　　在日本、英国等国家博物馆都有专柜陈列着由漳州月港驶出的"南澳一号"古沉船上打捞出的漳州瓷器，建于16世纪的葡萄牙桑托斯王宫天花板上还嵌着漳州窑瓷盘，历史实物印证清楚。有学者指出："西方海洋势力进入亚洲是利用了漳州的海商网络，进而推动后来18世纪的欧洲物价革命，当时漳州海商占据国家商业贸易的引领地位有100多年之久。"

　　在明万历四十一年（1613年），福建上缴朝廷的税银近6万两，其中月港的舶税超过了35000两，占了全省税银的大半。在繁荣时期，在九龙江长约1公里的岸边，一溜排开了7个码头（分别是饷馆码头、路头尾码头、中股码头、容川

码头、店仔尾码头、阿哥伯码头、溪尾码头)。月港的对外贸易航线是大帆船时代维持最久的一条国际贸易航线,延续了250多年。

明代的月港成为华商华侨出海的重要港口之一。明朝末年,从漳州月港出海的商人和华侨已遍布东亚及南亚各国,月港已成为大规模华商华侨闯荡世界的出发港。此时月港所在的海澄县拥有数以万计的"海人",这个航海群体由出洋贩番和海舶事务人员构成,具有高度的航海素质。贩番者以海为业,以海求富,有着为博厚利而不畏风险、甘心吃苦的进取精神。海洋性人文素质在海舶事务人员中尤为突出,出使琉球的封舟中操舟者多为漳州人。

1567年,明朝政府正式取消海禁,月港成为明朝唯一合法的海上贸易始发港。月港从兴起到繁荣昌盛近200年,它与东南亚、中南半岛以及朝鲜、琉球、日本等47个国家和地区有直接贸易往来,并以吕宋(菲律宾)为中转站,与欧美各国相互贸易。通过月港,南亚地区的香料、药品、宝石和手工艺品不断流入,中国的手工艺品、技术、外销瓷(见图4-20)和丝绸则源源不断地输出。从16世纪后期到20世纪初,全球生产的白银有50%通过贸易流入月港,在闽南一带流通的番银多达30个国家和地区的版别。因此,漳州在中国乃至世界的海交史、外贸史和货币发展史上都占有重要的地位。

图4-20 漳州窑克拉克瓷

漳州作为明朝中后期至清朝初期"海丝"的始发地之一,有着丰富的"海丝"文化遗址,主要体现为漳州港口对外贸易的古码头、海商遗迹、瓷窑遗迹以及海防遗址。"海丝"遗址有月港古码头、晏海楼（见图4-21）、石码古码头、鸿渐"太保公庙"及番仔楼、潘厝古民居、天一总局、林氏义庄、浯屿岛、海门岛、浦头港、岳口街牌坊、旧镇古港、走马溪、铜陵古港、梅岭古港、祥麟塔、望洋台、克拉克瓷窑址等20多处。这些遗址主要分布在龙海、芗城、漳浦、东山、诏安、平和、华安等县（市、区）。

图4-21　漳州月港晏海楼

　　漳州月港作为明朝中后期中国最大的对外贸易港口，是中国"海丝"文化中不可或缺的重要组成部分，起着承上启下的连结作用。它是闽南文化进行海外传播的重要窗口，也是闽南文化吸收海外文化的重要媒介。

第六节　文风昌盛、人才辈出的海滨邹鲁

一、文风昌盛

　　唐垂拱二年，开漳第一任刺史陈元光提倡奖掖农耕、通商惠工、移风易俗，传播中原先进生产技术，改变了"火田畲种无耕犊"的刀耕火种的原始生产方

法，漳州由原始落后状态过渡到"杂卉三科绿，嘉禾两度新，俚歌声靡曼，秫酒味酝醇"的初步繁荣文明的社会。兴办书院也从此开始，《中国大百科全书·教育卷》载："松洲书院在福建省漳州府，唐陈珦与士民讲学处。"两宋时期，兴办书院成为社会风气。宋绍熙年间，朱熹任漳州知府，他"每旬之二日必领属官下州学视诸生，讲《小学》，为其正义；六日下县学，亦如之"。在他的倡导下，漳州学风鼎盛，获得"海滨邹鲁"之美誉。

二、人才辈出

漳州名人荟萃，文化昌盛。历史上除了开辟漳州的将领陈政、陈元光、丁儒外，还出现了高登、陈淳、林偕春、黄道周、张燮、唐朝彝、蓝鼎元、庄亨阳、蔡新等一大批政治家、思想家、教育家、文学家、史学家、数学家和地理学家。清初出现了以谢琯樵、沈古松、汪志周为代表的"诏安画派"。现代较著名的诏安画家有"三沈"：沈福文、沈柔坚、沈耀初。近代著名的文学家则有林语堂（见图4-22）、杨骚、许地山。许多漳州籍名人移居中国台湾、海外，每年台湾同胞、海外侨胞回漳寻根谒祖者数以万计。民间文艺丰富多彩，有誉满海内外、多次出国献艺的布袋木偶戏、芗剧、潮剧，还有锦歌、竹马戏、大车鼓舞蹈和精致的剪纸艺术等。

图4-22 林语堂

（一）开漳圣王——陈元光

陈元光（657~711年），字廷炬，河南广州固始县人。自幼聪慧，博学多才，精通军事，所著《兵法·射诀》甚为有名。唐总章二年（669 年），闽南、粤东地区发生动乱，元光之父陈政率兵前往镇抚，后病死。陈元光承袭父职，率领所部平定动乱（见图 4-23）。垂拱二年（686 年）陈元光向唐王朝提出戍边之策，上《请建州县表》。是年十二月得到朝廷批准，正式在泉州、潮州之间建州，因州治位临漳水而称漳州。

图 4-23　开漳圣王陈元光

陈元光为首任漳州刺史，治漳多年，政绩卓著：打击豪强，开科选才，厉行法治；实行屯田，兴修水利，通商惠工；招抚土著，编以图集使漳州日趋安定，经济文化得到发展。陈元光开漳之功，虽"唐史无人修列传"，但"漳江有庙祀将军"，千百年来闽南和中国台湾漳籍百姓感念他的功绩，尊称他为"开漳圣王"。

（二）南宋理学家——朱熹

朱熹（1130~1200 年）（见图 4-24），字元晦，祖籍南宋徽州婺源，二代客居福建。宋绍熙元年（1190 年），朱熹受命出任漳州知州。任职期间，①兴官学，育人才。传播儒家思想，发展文化教育。他在州学开设"宾贤馆"延聘名士讲学，并亲自参加教育活动，"释疑解难，从无倦色"，培养了一批道德文章名重于时的学者。②节民力，重生产。"奏除属县无名之赋七百万，减轻总制钱四百万"。鼓励粮食生产和木棉种植。③订礼仪，重风俗。颁布了多种公告，力除迎神赛会，诉争旧俗。提倡节约和婚丧喜庆的简朴。④刊《四书》，扬儒学。朱熹一生著述中最重要、最有影响力的历代学子科举必读书《四书章句集注》就是在漳州期间完成并出版的，该书的宣传使得儒家思想进一步成为中国封建社会的主导思想。朱熹知漳时的一系列措施，在漳州产生了深远的影响，因而历代地方文人把朱熹知漳的一年看成是漳州社会发展的一个重大转折点。

图4-24 朱熹画像

朱熹在漳州创办白云岩书院时题写的一副对联"地位清高，日月每从肩上过；门庭开豁，江山常在掌中看"，对仗工整，文字优美，充满诗情画意，有着丰富内涵和深刻寓意。

（三）著名理学家——陈北溪

陈淳（1159~1223年），字安卿，龙溪县人，学者称北溪先生，是南宋著名的理学家，朱熹晚年的得意门生。陈淳曾两度从学于朱熹，得乃师学问之精髓，其客观唯心主义理学思想直接继承朱熹，著有《北溪字义》、《论孟学庸义》、《礼诗女学》、《严陵讲义》等，为卫护师门，疏释和阐述程朱理学思想做出了较大的贡献。陈淳还长期在家乡讲学，对闽南文化教育事业的发展也起了积极的作用。

（四）明代书法家——黄道周

黄道周（1585~1646年）（见图4-25），字幼玄，福建漳浦铜山（今东山县铜陵镇）人。明末学者、书画家、文学家、儒学大师、民族英雄。天启二年（1622年）进士。福王时官礼部尚书，唐王时为武英殿大学士。率兵抗清，至婺源，兵败不屈而死。黄道周学问渊博，精天文历数诸术，工书善画，以文章风节高天下，为人严冷方刚，不谐流俗。著有《易象正》、《三易洞玑》、《太函经》、《续离骚》、《石斋集》等。黄道周擅长楷、行、草书，他的楷书溯源钟繇，用笔方劲刚健，有一股不可侵犯之势，主张遒媚加之浑深，所以他的楷书虽刚健如斩钉截铁，而丰腴处仍流露其清秀遒媚。黄道周楷书流传多为小楷。他的行、草书远承钟繇，再参以索靖草法，虽追求王羲之、王献之等晋人书法，但一反元、明以来柔弱秀丽的弊病，以刚健笔锋和方整的体势来表达晋人的丰韵。其草书波磔多、含蓄少，方笔多、圆笔少，表现出雄肆奔放的美感。黄道周传世书法代表作品楷书有《孝经》、《石斋逸诗》等，行草书有《山中杂咏卷》、《洗心诗卷》等。徐霞客评价他"字画为馆阁第一，文章为国朝第一，人品为海内第一，其学问直接周、孔，为古今第一"。

图 4-25　儒学大师黄道周

（五）开台王——颜思齐

颜思齐（1589~1625 年），字振泉，漳州海澄县（今龙海市）人。生性豪爽，仗义疏财，身材魁梧，并精熟武艺。在中国台湾开发史上，颜思齐最早率众纵横台湾海峡，招徕泉漳移民，对台湾进行大规模的有组织的拓垦，是开拓台湾的先驱者，被尊为"开台王"。《台湾通史》为台湾历史人物列传，"以思齐为首"。明万历年间，颜思齐因怒杀官家恶仆而流亡日本平户，天启四年（1624 年）因参与反对德川幕府的政治斗争受到追捕，率众亡命海上，当年十月在笨港（今中国台湾嘉义新港）登陆，占据诸罗山构筑寮寨，招聚大陆移民，开拓垦殖。郑芝龙家庭和闽南贫民相继有三千余人投奔之。颜思齐安排大陆移民，或从事海上交易，或助其耕牛农作，又在笨港（今嘉义新港）建街道，筑高台，使台湾的开发进入一个新的阶段。天启五年（1625 年），颜思齐染病致死，郑芝龙被推为首领，率众继续开发台湾。

（六）阿里山之神——吴凤

吴凤（1699~1769 年），字元辉，平和县人。五岁时随父渡海去台。二十四岁时因"熟谙番俗语言，接人诚恳，为番人所敬重"而被官、民公推为阿里山通番理事，执掌山胞与汉人贸易管理、山地赋税征收等事宜。吴凤热忱为民服务，治绩卓著，任阿里山通事达四十八年之久。乾隆三十四年（1769 年）力劝山胞杜绝"栗祭"（即用活人头以祭祀谷神），不听，毅然赴死。当山胞发现朦胧晨色中所杀之人竟是吴凤时，无不懊悔失声。后四十八社山胞长老集会，议决永废猎头祭神之举，并"尊凤为阿里山神"，建庙塑像以奉祀（见图 4-26）。

图 4-26　阿里山神吴凤

（七）近代台湾抗日义军首领——简大狮

简大狮（？~1900 年），原名简忠告，祖籍南靖县。1894 年 7 月，日本帝国主义对我国发动甲午战争，强迫清政府割让台湾岛，简大狮闻讯后无比愤慨，怀着对日寇的血海深仇，变卖家财，募集义民一千多人，在台北揭竿起义。简大狮率义军英勇作战，打击了日寇的侵台气焰。日军兵分十四路进行围剿，简大狮率部浴血奋战致兵力殆尽，大狮潜回漳州，不幸被清政府捕拿出卖，在台湾英勇就义。

（八）闽南小刀会起义领导——黄位、黄德美

闽南小刀会是天地会的一个支派。清咸丰三年（1853 年），在太平天国运动影响下，小刀会首领、海澄县归国华侨江源、江发兄弟积极筹划起义。因机密不慎泄露，江源等人被捕杀，黄位、黄德美和江源嫂继而领导会众于五月十三日夜起事，攻占海澄县城，连拔石码、漳州、长泰、厦门、同安、漳浦等城镇，声威大振。不久，清政府聚集大军反扑而来，并派水师封锁海面，截断厦门起义军的物资供应和兵员增援。由于起义军主力集中于厦门，导致闽南城镇得而复失，十一月初，二万清军分三路在厦门登陆，起义军英勇迎战，最后弹尽粮绝，被迫撤出厦门，起义失败。黄德美被捕杀，黄位率余部转战海上，入南洋而不知所终。

（九）爱国实业家——林尔嘉

林尔嘉（1875~1951 年），字叔臧，祖籍龙溪县，林家迁居台湾淡水越五代至 1895 年，清政府割让台湾给日本，林尔嘉与其父不愿入日籍，放弃在台产业而回龙溪。林尔嘉热心家乡建设，曾创办电话、电灯等实业公司。为鼓浪屿公共租界工部局华方董事时，凡关系国家荣辱、华人利害者，莫不挺身而出，据理力争。林尔嘉于 1913 年据《红楼梦》大观园中怡红院的格局在鼓浪屿建置"菽庄"林园（菽庄花园），其台阁亭榭，结构精致，曲桥蜿蜒，凌波卧海，极尽山海之大观，遂为闽南之胜景。

（十）学贯中西的文豪——林语堂

林语堂（1895~1976 年），出生于平和县坂仔镇一个基督教牧师家庭，是中国现代著名作家、学者、翻译家、语言学家。林语堂才学广博，学贯中西。一生著述甚丰，尤其在文学创作、语言和文学的研究方面都具有成就，在向外国翻译介绍中国古籍方面，做了不少有益的工作，其用英文撰写的著作《京华烟云》等畅销西方世界。林语堂于 1940 年和 1950 年先后两度获得诺贝尔文学奖提名。林语堂的作品被翻译成英文、日文、法文、德文、葡萄牙文、西班牙文等 21 种文字，几乎囊括了世界上的主要语种，其读者遍布全球各地，影响极为广泛，在国际上享有文化使者的美誉。他为人类文化做出了杰出的贡献，是一位世界级的文化名人。

（十一）著名学者、文学者——许地山

许地山（1893~1941 年），名赞堃，字地山，笔名落华生，龙溪县人。是我国现代著名学者、教授，新文学运动时期的重要作家，文学研究会发起人之一。许地山学识渊博，思想进步，在燕京大学任教时参与编辑《新社会旬刊》，鼓励青年反对封建礼教，争取民主自由。抗日战争前后在香港从事进步文化活动，曾发表独幕剧《女国王》、《木兰》等宣传抗日救国。许地山的著作有《空山灵雨》、《缀网劳蛛》、《危巢坠简》、《解放者》、《道学史》、《达衷集》、《印度文学》，译著有

《二十夜问》、《太阳底下降》等，散文名篇《落花生》脍炙人口。

（十二）著名文学家——杨骚

杨骚（1900~1957年），出生于芗城区南市街（今香港路），中国左翼联盟成员，中国诗歌会发起人之一，著名诗人、作家。抗日战争期间，他随作家战地采访团到太行山等前线采风写作，以后辗转南洋从事抗日救亡文化活动，被誉为"抗日诗星"。著作有诗剧集《记忆之都》、剧本集《他的天使》、散文集《急就篇》，译作有《十月》、《铁流》、《没钱的犹太人》、《赤恋》、《痴人之爱》、《心》等。

第七节　一脉相承、地位显要的台侨祖地

一、台胞祖地

与中国台湾一水之隔的福建漳州，自古就是台湾同胞的祖居之地，漳州北郊莲花池山旧石器遗址，证实了台湾先民与漳州人早有渊源。历史上有大批漳州先民跨海移居台湾，据记载，宋代已有漳州人徙台，明末清初漳州人颜思齐、吴凤、吴沙三人被誉为开发台湾的"三公"。现台湾人口中祖籍漳州的占35.8%，台湾同胞中有800万人左右"根"在漳州，特别是台湾当局政要绝大多数祖籍在漳州。

漳台两地同根同源，语言相通、民俗相近、宗教信仰相同，文化艺术相互融合，两地间地缘相近、血缘相亲、文缘相承、商缘相连、法缘相循，两地间特殊的史缘、地缘、文缘和血缘关系，促成了共同的文化特征。

漳台两地之间的民间民俗文化交流活动频繁开展，许多寺庙祠堂成为了台胞寻根觅源、进香参拜、民俗交流的重要场所（见图4-27）。漳州境内众多的涉台文物，两岸间亲密的血缘关系，频繁的民间文化交流活动，不仅凸显了漳州作为台胞祖籍地的地位，而且也凸显了漳州在加强两岸交流、促进祖国统一进程中的重要作用。

图 4-27　台湾信众到漳进香

二、著名侨乡

漳州是我国著名的侨乡，是广大海外侨胞最为重要的祖居地，自古便有移民新加坡、马来西亚、菲律宾和印度尼西亚等东南亚国家的传统。全市旅居海外的侨胞、港澳同胞 70 多万人，归侨、侨眷 50 多万人。

漳州历史上是对日本和南洋各国有影响并经常进行经济文化交流的国际性城市。台商投资区角美镇鸿渐村是菲律宾两任前总统（科拉松·阿基诺夫人和贝尼尼奥·阿基诺三世）的祖居地。明代尚书潘荣赴琉球国，曾派"闽人三十六姓"水手支援琉球开发建设，并在那里繁衍生息，在那霸市附近的浮岛上建立了一个自己独立的村落。这个村落，最早被称为"唐营"，后来改名为"久米村"，其中有阮、毛、陈、王四姓的祖地就在漳州龙海。

漳州人民自古以来就有"以海为生"的开拓精神和传统。唐宋时期泛海经商是沿海人民的一种生活出路。海外交通的发展和对外贸易的兴盛，使不少漳州海商留居南洋。漳州人的侨居地首推吕宋，因其地距漳最近，故贾舶多往，"民初贩吕宋，得利数倍，其后贾客丛集，不得厚利，然往者不绝也"。许多商人久居不返，渐至数万，爪哇、苏门答腊、满剌加、渤泥、日本等地也有华侨足迹。

明清两代，80%以上的土地被地主富豪占有，而赋役却转移给农民，造成农民失地破产，生活贫困。同时自然灾害频繁，从明天启元年开始，漳州出现了持续多个世纪的严重粮荒，"米贵民饥"，迫使许多人结伙到海外谋生。

明末清初，海澄县港尾卓岐村造木帆船业发达，该村村民陆续出洋贸易，并在国外安居。当时华安、长泰、平和、云霄、漳浦的移民，也多从卓岐村搭乘帆船出海到南洋各地。

清康熙二十三年（1684年），朝廷稍开海禁，准许人民出洋经商。漳州人民从漳浦旧镇、东山湾、诏安宫口及厦门港出洋到东南亚各国谋生。

鸦片战争以前，漳州虽有许多华侨在南洋各国经商、贸易、定居，但是明、清两代政府实行"海禁"政策，敌视海外华侨。明朝统治者视海外华商为"弃家游海，压冬不回，父兄亲戚，共所不齿"的"贱民"，认为"弃之无所可惜"。清朝统治者则斥华侨为"不安本分"、"甘心异域"、"自外王化"的"莠民"，对侨居海外的华侨严加防范，"不许令其复回内地"。有些华侨在海外劳累终生，小积资财，因思乡心切而回祖国，却遭到迫害。两朝政府敌视华侨，割断他们和祖国及家乡的联系，使华侨成为"海外弃儿"。

鸦片战争后，中国逐步沦为半殖民地半封建社会，外国资本主义的入侵，破坏了中国自给自足的自然经济基础，破坏了城市手工业和农村家庭手工业，导致了大量农民和手工业者的破产，他们被迫大批迁徙海外。而这时，东南亚、美洲的开发正需要大批廉价劳动力。大批华人以"契约工"、"赊单工"等卖身出国，形成漳州华侨出国的高潮。清朝政府既无法制止西方殖民主义者在中国掠夺华工，也难以阻挡华侨与国内亲属的联系。华侨起初通过"水客"把辛劳所得款项寄回家乡，并同亲属建立书信联系。后来，清朝政府由于大量的战争赔款，外贸赤字严重，财政极端困难，为了吸引华侨回国投资，遂于光绪十九年（1893年）颁布法令："除华侨海禁，自今商民在外洋，无问久哲，概许回国治生置业，其经商出洋亦听之。"此法令宣告"海禁"政策和敌视华侨政策的破产。从此，华侨在国内外的权利和地位得到法律的正式承认，侨眷的权利和地位也得到法律的正式承认，漳州侨乡社会开始形成。

第一次世界大战后至抗日战争前，漳属华侨汇款大幅度增加。不少华侨投资于家乡的建设。如华侨投资漳州公路运输业，打破了侨乡的闭塞状况，出现了漳州、石码等一批新城区和小圩场。

1918年，陈炯明进驻漳州。第二年曾派原任福建省咨议局副议长张国宝到南洋各埠募集侨资31万银圆，进行大规模的市政建设。在漳州市区兴建新桥码头、南河场岸、东市菜场，修建新、旧桥及市区交通要道，形成了1949年前的旧市区格局。

龙海县浮宫镇华侨于辛亥革命后在家乡投资兴建街道和市场，为当时的浮宫圩发展为集镇打下了基础。龙海县角美镇也是第一次世界大战后发展起来的。1930 年由华侨投资的漳嵩公路通车后，角美随之改造和扩建了旧街道，使原来的圩场迅速形成较大的集市，拥有各种商店数十家，且水陆运输四通八达，市镇相当繁荣。

南靖县书洋乡曲江市场是 1920 年由华侨张煜开投资兴建的，形成了永定、平和、南靖三县交界的热闹圩集。

漳州市的一部分侨乡是新中国成立后接待安置归国华侨而形成的，如云霄常山华侨农场、龙海双第华侨农场、南靖丰田华侨农场、诏安梅州华侨农场就是一批新型的侨乡。漳州侨乡特色的形成，也是一部巨大的史诗，在漳州城市发展的各个历史时期留下了光辉的印记。

第五章

漳州古城保护与开发回顾

从历史角度来看，古城的发展历程不是一蹴而就的，而是分阶段、在长期历史演变过程中逐渐形成的。古城中一片片历史街区、一条条古老街巷、一座座传统建筑，就像一部部史书、一卷卷档案，贮存着城市的文化信息，见证着城市的历史足迹。因此，古城保护是一项循序渐进的工程，需要一代又一代人持续不断的努力。本章回顾了以往漳州古城保护的成就与问题、经验与教训，展望了未来发展机遇，以求对今后古城保护有所借鉴和启示，推动漳州古城保护走上可持续发展之路。

第一节　绩效——修旧如旧，焕发活力

改革开放后的 20 世纪 80 年代起，漳州的城市发展和建设进入了历史上的高峰期，古城建设性破坏的问题也日益突出。自 2001 年始，市委市政府确立了"建设新区、开发沿江、改善旧城"的 21 世纪城市发展战略，将漳州古城的整治保护工作提到重要的议事日程，取得了良好的保护成效。

一、规划先行，构建完善的名城规划体系

（一）1988 年版《漳州市历史文化名城保护规划》

1988 年由天津大学编制的名城保护规划，在较长一段时间内指导了名城保护工作。本次规划内容丰富完整，对漳州名城特色进行了梳理，提出了历史文化名城全面保护的规划构思。除总体布局外，对各历史元素进行了详细规划设计，在一定程度上有效指导了城市的建设管理，保护了历史文物古迹和传统建筑文脉，也对其后许多名城的保护规划起到了先导作用。但是规划缺乏保护范围的详细图纸界定。

（二）2001 年版《漳州市名城保护规划及三片历史街区保护详细规划》

1999 年，中国城市规划设计研究院在编制中心城区总体规划时，在总体规划内容中列有名城保护规划的专篇，随后编制了《漳州市名城保护规划及三片历史街区保护详细规划》，并在 2002 年 4 月 29 日经省政府批准正式实施。在《漳州市中心城区总体规划调整（2000~2020)》历史文化名城保护专篇中，虽然在当时情况下，根据实际建设情况，缩小了规划控制区面积，但是却第一次明确城市作为国家历史文化名城的性质定位，把历史文化名城保护工作作为规划重点提出，详细调查了中心城区规划范围内历史文化保护单位情况，系统制定了保护规划，划定了刚性的保护区及建设控制区范围，提出了建筑限高、色彩、材料、屋顶形式等要求，为城市规划管理及下位规划的编制提供了依据。

（三）2002 年《台湾路西段沿街立面整治规划设计》、《漳州市台湾路历史街区整治保护规划》等

2002 年，漳州市城乡规划局先后组织编制了《台湾路历史街区保护概念性规划》、《台湾路西段沿街立面整治规划设计》、《漳州市台湾路历史街区整治保护规划》，在 2009 年又补充编制了《漳州市台湾路历史街区芳华路片整治保护规划》。坚持"保护历史真实性，保持风貌完整性，维护生活延续性"这三个原则，针对每栋房屋进行细致调查，认真分析，得出较为合理的分类保护方式。对古城内的建筑单体、街巷结构、道路交通、市政工程等各方面做出了详细的整治措施。经过整治的老街，保持了历史风貌的真实性和完整性。同时三线下地、道路和基础设施得到了改善和增补，打通了与老城外围道路的联系，改善了古城的生活环境。

在编制《台湾路西段沿街立面整治规划设计》时，将设计文件创新为"一户

一表"的形式，即每幢建筑一份"整治对策表"。对策表中包括了"现状照片"和"整治效果"两张彩色图片，以及九种立面构件的"现状调查"、"整治对策"和"图库索引编号"等内容。整治规划详细可行，为古城风貌及历史建筑的保护提供了很好的指导。

（四）2006年《漳州市中心城区紫线规划》

该规划首先对漳州古城外经县级以上人民政府公布保护的历史建筑名录进行整理，并进行现状调查分析。结合城市总体规划，对历史建筑提出原址保护、异地保护、改造时保持原有风貌三种措施。其次提出古城的保护范围应当包括历史建筑、构筑物和其风貌环境所组成的核心地段，以及为确保该地段的风貌、特色完整性而必须进行建设控制的地区。规划对"一城三片"历史街区以及确定的需予以原址保护的历史建筑划定保护范围及建设控制地带，提出城市紫线管理保护措施。该规划是对历史文化名城保护规划的充实和完善，将历史文化名城保护规划转变为法定条文，为加强对漳州市中心城区历史文化街区和历史建筑的保护以及城市紫线范围的建设活动提供了监督和管理依据。

（五）2012年《漳州古城保护与有机更新规划》

2012年，芗城区政府委托浙江省古建筑设计研究院对古城范围进行研究，编制了《漳州古城保护与有机更新规划》。该规划认为街巷背里的民居相对破坏比较严重，居民改善生活居住条件的呼声也比较高，因此对保护范围再划分等级，即划分为重点保护和一般保护两级。规划提出"一核、一环、两翼、四片"的总体格局。规划在考究史料的前提下，对唐宋子城的演变做了详细的阐述，从用地、交通、基础设施等方面均提出了改善提升措施，并对中山公园、文庙、北京路、延安路、华侨新村等片区提出概念性整治方案。

该规划首次提出了"漳州古城"的概念，代替了此前的"街区"保护思路，是对古城保护工作的又一次提升。该规划在保护基础上，更侧重于有机更新，特别是对业态进行全新的布局。在此规划的指导下，已经进行了古城北入口部分改造工作。

（六）2013年版《漳州历史文化名城保护规划》

2013年，漳州市政府在编制《漳州市城市总体规划（2013~2030)》的同时，编制了《漳州历史文化名城保护规划（2013~2030)》。该规划提出了对漳州名城山川形胜和传统格局的整体保护。重点就是保护漳州"大江南旋而东注，诸峰北环而回顾"的山水格局，保护"天宝紫芝奠于后，丹霞名第拱于前，鹤峰踞其左，圆山耸其右"和"枕三台、襟两河"的山川形胜；以及"一城六片多点"为主体的名城传统格局。该规划首次提出唐宋子城历史文化街区的概念，作为唐宋子城历史文化街区保护规划的上位规划，对漳州古城保护指明了方向。

（七）形成了纵横交错、门类齐全的保护规划体系

纵向：《漳州市城市总体规划（2012~2030）》的历史文化名城保护专篇——《漳州历史文化名城保护规划（2013~2030)》——《漳州古城保护与有机更新规划（2013)》——《漳州市台湾路历史街区整治保护规划（2003)》、《漳州市台湾路西段沿街立面整治规划设计（2003)》。

横向：《漳州历史文化名城保护规划（2013~2030)》——《漳州市中心城区紫线规划（2007)》——《漳州市历史建筑——图库索引（2002)》、《漳州历史文化名城代表性建筑测绘（2007)》。

另外，漳州市政府颁布了《漳州市历史文化街区保护管理暂行规定》，将漳州古城的保护建设纳入法制管理的轨道，促进保护工作的规范化。

二、加大投入，重焕古城历史风貌

自 2001 年始，漳州市摒弃了"拆旧建新"和"拆旧建假"的旧城改造模式，遵循"保护历史的真实性、保持风貌的完整性、维护生活的延续性"的名城保护原则，按照"点、线、面逐步深入"的先后顺序实施了四个阶段的古城整治保护工程：漳州市区香港路历史街区北段片区修缮工程（2001 年底~2002 年 2 月 8 日）、台湾路西段沿街立面整治工程（2002 年下半年~2002 年 12 月 25 日）、台湾路历史街区（府埕片、文庙片）维修整治工程（2003 年 5 月开工）、台湾路历史街区芳华南路片历史文化街区修缮整治工程（2010 年 4 月开工）。

从 2012 年开始，市政府启动了古城示范工程，已建成或基本建成的项目有：古城入口广场及延安南路步行街道路改造工程；古城入口广场东侧骑楼改造工程；延安南路北段东面街立面修缮工程；中山公园南门恢复改造工程；中共福建临时省委旧址修缮工程；漳州侨史馆主楼修缮及西桥亭扩建工程等。并先后将漳州灯谜艺术博物馆、晓风书屋植入古城，建成孙中山纪念馆、芗城区图书馆、闽南文献馆。以府埕为中心，引入徐竹初木偶头雕刻、漳州布袋木偶戏、漳州木版年画、漳浦剪纸、漳绣等一批国家级和省级非物质文化遗产项目，打造漳州"非

遗"文化特色街。同时，依托古城老街及侨村老别墅区，植育发展了一批酒吧、咖啡馆、茶艺和特色小吃等文化休闲产业项目，带动古城业态和人气逐步提升。

古城整治保护工程内容包括两个方面：古城居住环境的改善和历史风貌的保护。前者在古城不同地点是共性的：用青石板重新铺设路面；改造雨水管，增设排污管，电力、电信、自来水和有线电视等管线一同埋地敷设；违法搭建建筑的拆迁；增加绿地和休闲空地；打通外围环路，增设停车场等。后者则根据工程所在地的不同特点，围绕其独特的价值进行全面的整治保护：以文庙、府学、石牌坊等国家级文保单位为景观风貌控制重点，有意识地挖掘出"中原汉人南迁起大厝"、"南洋华侨返乡盖番仔楼"、"陈炯明闽南护法建设城市"等重要历史人物和历史事件，突出古城内多进"大厝"的传统院落形式、木板外墙面、古石板路、"五脚距"（骑楼）式"竹篙厝"等闽南地方建筑符号，以及胭脂砖外墙面、立面上古典西洋窗拱与柱式的精彩结合等中西合璧"南洋风"建筑风格，梳理出隐藏其中的居住、教育、商业等功能组合的传统模式，充分体现其城市发展的历史见证意义。

通过十多年时间的不懈努力，对古城做到"修旧如旧"，通过"洗脸"、"嵌牙"、"穿衣"的整容方式，[①] 香港路、台湾路老街区重焕往日风采，延续了富有闽南特色的建筑风韵，古城整治效果得到广大市民的赞扬和肯定（见图5-1）。累计投入的保护资金超过1.2亿元，经整治的古城已初具规模，区域活力显著提升，历史风貌得以全面保护。古城内住户和经营户的生活、经营环境大大改善，特色经营种类明显增加，店铺和住宅租金普遍提高。

三、开发与保护经验成为典型范例

漳州注重古城保护与开发相结合，既保护旧城历史风貌，又通过开发建设以商业和居住功能为主且具有丰富民俗生活和旅游价值的古城，赋予古城新的生命力。开发不是简单的房地产开发，而是对历史文化名城、历史文化遗存等文化资源进行深入的发掘和利用，根据时代需要对其功能进行适当的更新和改变，以充分发挥这些宝贵资源的文化价值、社会价值和经济价值。在对古城的保护中，对

---

① 曹阳. 历史名城保护与城市建设共赢——漳州市台湾路历史街区整治保护实践探索 [J]. 福建工程学院学报，2006（1）.

香港路街景

台湾路街景

历史街区内部

芳华横路鸟瞰

图 5-1　漳州历史街区

商业店铺进行更新改造，力求重现昔日繁荣的生活场景。同时结合传统文化和建筑特色，适当开发旅游，吸引了不少建筑研究者，促进了闽南建筑特色和传统文化的传承。目前，古城已成为漳州历史文化名城游览的景点之一，真正达到了经济效益、环境效益和社会效益的统一，从而成为保护历史街区特性并使之走向良性循环的成功范例。国家领导人、国际友人、旅游人士乃至招商投资活动的相关人士均将唐宋古城作为必到之处，艺术工作者纷纷莅临创作作品，台湾题材的电影《云水谣》和电视剧《台湾往事》、《奶奶再爱我一次》等还将漳州古城作为重要的外景地。全国著名文物保护专家阮仪三院士、朱自煊教授等在考察了漳州古城后，认为这是漳州市最引以为豪的文化遗产保护工程。

　　2003 年 9 月，中国城市规划学会历史名城学术年会在漳州召开，与会代表对漳州市古城的保护给予了充分肯定。

　　2004 年 9 月 1 日，漳州市台湾路—香港路历史街区荣获联合国教科文组织亚太地区文化遗产保护项目荣誉奖（见图 5-2）。联合国教科文组织亚太地区文化参赞理查德·A.英格哈特先生于 2005 年 4 月 10 日亲临漳州,向时任市长何锦龙颁发了奖牌和证书(见图 5-3)。这是联合国教科文组织亚太地区文化遗产保护项目办公室按照世界文化遗产保护的通行法规对漳州历史街区保护工作的充分肯定和高度评价,也是漳州在城市规划、建设、管理工作领域中获得的第一个国际奖项。联合国教科文组织评价漳州古城保护工作:

Based on a precise and well-considered plan, this project to restore and revitalize two historic streets in Zhangzhou City has holistically preserved an urban ensemble comprising a range of important architectural styles. The restoration has provided the local residents with improved facilities and better living conditions while stimulating a significant increase in commerecial activity in the area. The emphasis on conserving original materials, the removal of inappropriate additions and the use of prudent conservation techniques has commendably restored the building facades and revived the historic streetscape within an urban renewal context. The community support and satisfaction with the restoration work is such that the local government has formulated a policy to undertake similar works in other historic streets in Zhangzhou City, exemplifying the catalytic success such projects can have in producing conditions conducive to heritage conservation and in preserving historic urban identities.

Richard A.Engelhardt

UNESCO Regional Advisor for Culture in Aisa and the Pacific

译文:

根据设计清晰和考虑周到的规划,这一旨在恢复漳州市内两条历史街区活力的项目令人敬仰地保护了拥有一系列重要建筑风格的一片历史城区。保护工程为当地居民改进了公共设施,提供了更好的生活环境,同时激活了这一城区内商业活动的有效增长。通过强调保存原始建材、拆除不协调的附加建筑以及运用谨慎的保护技术等手段,此项目值得称赞地在城市可持续发展的历史地段保护了原有的建筑外观、复兴了历史街区风貌。由于公众对此保护项目的支持与满意,使得地方政府能够制定政策,在漳州市的其他历史街区实行类似的保护工程,在营造有助于遗产保护的环境以及保护历史文化名城特性方面,这些保护工程项目能够成为良性循环的成功范例。

理查德·A.英格哈特

联合国教科文组织亚太地区文化参赞①

图5-2　联合国教科文组织文化遗产保护荣誉奖　　图5-3　联合国文化参赞英格哈特颁奖

　　2010年6月，漳州历史古街荣获第二届"中国历史文化名街"称号。同年12月，中国历史文化名街——漳州历史古街隆重举行授牌仪式，国家文物局局长单霁翔为第二届"中国历史文化名街——漳州历史古街"授牌。

　　2015年4月，国家住房城乡建设部、国家文物局对外公布第一批30个中国历史文化街区，漳州台湾路—香港路历史文化街区榜上有名。入选的30个街区是在各地推荐的基础上，经专家评审和主管部门审核而最终脱颖而出的，漳州台湾路—香港路历史文化街区因完整保留传统格局、历史风貌而胜出。

---

① 谢东.漳州历史建筑 ［M］.福州：海风出版社，2005.

第二节　问题——风貌渐失，设施落后

一、商业业态低档，活力渐减

漳州古城原来是漳州中心城区商业的核心，从九龙江水路来的客商在此汇聚，因此形成"百工鳞集"、"机杼炉锤交响"的繁荣景象。古城内现存的主要商业街道有台湾路、香港路、延安南路、北京路、修文路、青年路等。其中青年路由于周边的建设，西侧已被拆除，并新建住宅小区，仅余东侧半边。延安南路、北京路、修文路沿街商业建筑后期翻建和改造相对较多。香港路和台湾路则相对保存状况较好，建筑质量较高。目前，尚有一定商业气氛的是台湾路、香港路和延安南路北段，但业态以中低档服装、日用品、民俗品为主，低端化趋势明显，与核心商业街的地位不相称（见图5-4）。其他街道沿街店面多数改为民居，间有日用品小店，很难体现骑楼街区的特色和古城的基本风貌。

图 5-4　古城商业业态低端化明显

古城内有很丰厚的传统老字号资源可供利用，如保生堂药店、林荣方、荣盛、荣茂、开成嫁妆店、陈恒德、褚圆记洋货店、丰顺瓷器店、金时行鞋店、原裕、南辉、东川、东升绸布店等，现在仅仅以满足传统市井生活需求为主。北京路沿线有丰富的地热资源，目前利用率不高、影响不大，仅仅有一些中端浴室。

漳州还有丰富的饮茶文化、小吃文化、传统工艺品、文房产品、中药等都没有在古城的业态中得到展现。

二、历史风貌不浓，展示不足

古城内除台湾路、香港路、始兴北路、芳华横路沿街建筑保存较为完好外，里弄内部建筑质量参差不齐，部分建筑破损严重。居民改建情况时有发生，破坏了古城的历史环境风貌。古城内建筑密度过大，居民居住条件和户外活动环境达不到现代生活标准，缺乏停车场等静态交通设施和供居民休闲交往的公共活动空间，导致居民外迁趋势明显。

香港路、青年路、北京路、始兴北路、延安南路南段、台湾路东段沿街传统风貌保持较为完整，建筑多为骑楼建筑，全砖木结构。台湾路西段的建筑为中西合璧的"南洋风"建筑。台湾路、始兴北路、香港路北段与延安南路北段经过整治，建筑立面保存较为完整，北京路沿线、太古桥片区建筑风貌较差，修文路沿线整体建筑风貌和质量一般。其余街巷沿街建筑框架仍保留传统结构，但立面风格遭到不同程度的破坏（见图5-5）。居民区大部分建筑质量较差，无明显传统风貌。

图5-5 传统风貌遭到明显破坏

三、基础设施老化，系统不完善

古城内部现有的给水、排水、电线等市政基础设施系统落后、老化，燃气管道还未铺设，防灾系统、环卫设施不完善。

（1）给排水系统普遍存在管道老化的问题。早期的管道基本采用铸铁和镀锌的管材，由于使用时间长，设施老化，管道锈蚀情况严重，存在水垢厚等问题。原有管道管径过细、过水断面太小等，使原有水压和供水量无法满足现在的居住生活需要。另外，一些蓄水设施陈旧、不卫生。由于还未安装一户一表，计量设备的落后也增加了供水管理的难度。

（2）雨水、排污系统不完善。古城内排水系统落后，目前还是实行雨污合流形式，一方面增加了城市污水系统的处理量，另一方面经常引发管道堵塞，既不卫生也不环保。

（3）燃气管道铺设工程尚未开展。许多居民还是普遍使用煤饼炉或瓶装煤气。煤饼炉烟熏火燎污染环境且居民生活不便，并存在严重的火灾隐患。瓶装煤气需经常更换，同样使用不便且容易因使用过失造成火灾。

（4）普遍存在电线架空布置、纵横交错、杂乱牵拉现象（见图5-6）。首先，感观上破坏了古城的环境风貌，影响整体美观；其次，原有的供电线路老化，缺少漏电保护装置，且电线私拉乱接现象严重，既存在人身安全隐患，又有火险隐患。

图5-6 古城内电线管线凌乱

（5）防灾系统存在安全隐患。首先，在消防通道上，古城道路格局无法满足现行的消防通道尺寸要求；其次，古城内大多是砖木结构的房屋，本身就容易引发火灾。而现状中许多建筑缺乏消防栓、灭火器等消防设施，加上电线等设施的老化，增加了火灾隐患。

四、交通组织混乱，停车位缺乏

交通问题是漳州古城面临的最严重和最迫切的问题，要想把漳州古城保护好、利用好，离不开交通组织的优化。古城的交通基本可以分为四类：

第一类，住地居民日常外出。由于古城基础设施的老化，实际上住地居民在减少，不少改为外来户租住，相对来说古城居民经济水平较弱，私家车数量不多，日常出行以步行、电动车、自行车为主。从长远来看，古城保护会增加商业、文化内容，疏减居住人口，居住人口的交通会进一步减少。

第二类，外来游客的出行。外来游客的交通需求首先是需要较大的停车场，而他们在区域内主要是步行交通。目前，只有在延安南路沿线有少量大巴车泊位，不能满足长远的发展需求（见图5-7）。

图 5-7　停车位严重缺乏

第三类，漳州市民到古城进行消费活动。因为古城内商业的衰落，漳州本地居民的消费从目前来看是比较少的，但从长远来看，随着古城保护工作的开展，这些人流会大大增多。这类人员主要来自两个方向——东面和北面，西侧是漳州师范大学校区，南侧是九龙江南岸，南岸的人员过桥实际上就成为东侧和北侧的交通压力。

第四类，漳州市民因为交通便利性穿越古城。这很大程度上是由漳州路网的缺陷引起的，漳州确定了沿江发展的战略后，东西向就是城市交通主轴，在这个方向的四条通路中只有胜利西路和江滨路是能够全线贯通的，其中江滨路因为防洪的需要只有钟法路和延安南路两个口子与老城区交通连接，因此老城区人员如果要上江滨路只有穿越古城，这样无形中增加了古城的交通压力。

古城内部仅有中山公园一处公共停车场，停车泊位数量远远不能满足片区停车需求；路边停车承担古城主要公共停车需求，但路边停车管理不足，路边非法停车现象严重。

五、水系绿化不足，环境不佳

据漳州史料记载，漳州古城内的环城河是宋初筑土城时修建的，所以现在也称为"宋河"。漳州城垣几经改建、扩建，城的范围一直在扩大，原来的护城河也就成为城内的壕沟。漳州古城"以河代城，以桥代门"的建设格局以及水运的发展，都与宋河息息相关。虽然城墙已不在了，但是本与它唇齿相依的护城河却侥幸保存了下来，虽几经变迁，依稀可辨其昔日风采。

目前还保留着东宋河独立河道（见图5-8），河道上仍遗存着东清桥、太古桥旧址，东桥亭尚存。东宋河西岸一侧生长着数棵龙蟠虬结、须根参天的古榕，而且此段宋河横穿北京路等老街区，相比西宋河，东宋河更彰显古朴。由于更邻近老城区、居民区，东宋河污染更为严重，两侧居民楼均为上百年老宅，多无卫生间，居民生活垃圾很多都直接排放至东宋河中。

图5-8　东宋河现状引水管道

古城内现状绿地结合公园、湖、河流等景观要素形成，主要集中于中山公园。中山公园作为老城区重要的综合公园，成为市民休闲娱乐的重要场所。古城内部建设密度较大，街头绿地较少，仅在芳华横路片区石厝巷内设置邻里绿地。古城内公共开敞空间总体数量不足，分布零散，景观营造效果较差。

六、管理不到位，执法不严

（1）相关法律、法规操作性不强。目前，漳州古城保护主要依据国务院《历史文化名城名镇名村保护条例》及 2003 年市政府颁布的《漳州市历史文化街区保护管理暂行规定》，但是在法规概念、管理层级、审批程序等方面与国务院条例存在一定差异。历史文化保护区和历史街区、文物保护单位、优秀近现代建筑和有价值的历史建筑等概念仍有待统一和明晰，仍需进一步深入研究和完善历史建筑或者具有保护价值的建筑的认定标准、修缮标准和程序，提出配套的保护措施和长效保护机制。特别是历史建筑的管理，古城内建筑高度、外观、型制、沿街立面等精细化管理，仍需要形成专项法律法规予以规定（见图 5-9）。

图 5-9　古城内管理不到位

（2）执法不严、监督不到位。相关执法部门和执法人员对古城文化内涵的认识不足，对古城保护工作重视程度不够，造成了执法过程中的思想懈怠和责任心不强，直接导致对破坏古城历史风貌的行为监督不到位、执法不严格。

第三节　机遇——政策助推，文化强市

当前，漳州古城保护与开发正面临着难得的发展机遇，大有可为，大有作为。抓住机遇，用好机遇，趁势而上，漳州古城保护与开发就能走上一条良性循环的发展路子。

一、文化强国战略为漳州古城保护开发指明了发展方向

近年来，党中央、国务院高度重视发展文化产业，先后做出了一系列重要论断和部署。2000 年 10 月，党的十五届五中全会首次提出"文化产业"概念；2002 年 11 月，党的十六大提出"文化体制改革"的任务；2007 年 10 月，党的十七大首次从完整意义上制定"文化强国战略"；2012 年 11 月，党的十八大提出"文化产业要成为国民经济支柱性产业"；2016 年 7 月，习近平总书记在庆祝建党 95 周年大会讲话中，提出"要坚定文化自信"。这说明党和国家对文化建设规律的认识越来越全面、越来越深刻。

文化产业是提高国家文化软实力、增强中华文化竞争力的重要要求。文化产业反映了一个国家的文化软实力。以文化为核心内涵的软实力的竞争成为当今国际竞争的重要内容。许多国家为了抵御文化霸权的渗透和侵袭，无不从战略层面大力发展本国的文化产业，对外塑造和传播本国的文化形象和价值观。中华民族的和平崛起，迫切需要我们加快发展文化产业，统筹国际国内两个市场、两种资源，积极探索市场化、产业化的运作手段，以企业为主体、以文化贸易为主要方式，打造中国文化品牌，推动中国文化走出去，参与国际竞争，不断扩大中华文化影响力，增强国家文化软实力。

文化产业是一个朝阳产业、绿色产业，是现代服务业的重要组成部分。其资源消耗低、环境污染小、科技含量高、发展潜力大、市场需求强、消费空间大、开发价值高、投资机会多，具有优结构、扩消费、增就业、促跨越、可持续的独特优势，对建设资源节约型、环境友好型社会的作用日益凸显，能够并且已经成为经济结构调整的重要支点。

"十三五"是文化产业发展新的历史机遇期。漳州古城保护与开发应抓住机遇、把握趋势，依照中央顶层规划，结合自身发展实际适时调整发展策略，塑造出一批在全国能叫得响、排得上的地域文化品牌，使古城成为闽南文化的对外窗口和展示平台，成为文化产业的靓丽名片。

二、漳州经济快速发展为古城保护开发奠定了良好基础

漳州区位优势独特，是海峡西岸的重要城市，在国务院颁布的《海峡城市群发展规划（2010）》中，将其定位为："海峡西岸重要的现代化临港产业和闽台经

贸、文化交流合作基地，闽粤交界地区重要的交通枢纽，福建省重要港口和生态
工贸城市，国家历史文化名城，滨海旅游休闲基地。"

近年来，随着国家海峡西岸经济区建设的启动，漳州市进入一个新的重要发
展阶段。由表 5-1 可见，"十二五"期间漳州 GDP 年均增长 12.2%，比福建省的
10.7%高出 1.5 个百分点，比全国的 8%高出 4.2 个百分点；城镇居民人均可支配
收入年均增长 11.2%，比福建省的 10.9%高出 0.3 个百分点，比全国的 7.9%高出
3.3 个百分点。[①]

表 5-1 "十二五"期间漳州主要经济指标完成情况

年　份	地区生产总值 （亿元）	财政收入 （亿元）	全社会固定资产投资 （亿元）	城镇居民人均可支配 收入（元）
2010	1430.71	139.4	837.11	18482
2011	1768.2	174.5	1115.7	21137
2012	2017.8	205.48	1486.9	23951
2013	2229	237.8	1725	26346
2014	2506.4	263.8	2134.8	25741
2015	2267.45	274.75	2573.7	28092
年均增长（%）	12.2	12.6	25.3	11.2

"十三五"期间，中央支持福建发展、海峡西岸经济区、生态文明先行示范
区、原中央苏区、海上丝绸之路核心区等政策叠加效应将进一步显现，新型工业
化、信息化、城镇化、农业现代化孕育着巨大的发展潜能，漳州发展迎来了难得
的历史机遇。根据《漳州市国民经济和社会发展第十三个五年规划纲要》，2020
年漳州 GDP 将达到 4500 亿元，"十三五"期间年均增长 10%，比全省高出 1.5
个百分点，比全国高出 3.5 个百分点。漳州经济的持续、快速发展将为古城保护
开发提供物质条件和现实基础。

三、厦漳泉同城化快速发展为古城保护开发造就了外部推力

厦门、漳州、泉州又称闽南"金三角"，聚集了福建全省 45%左右的常住人
口，创造了全省 51%的生产总值，拥有厦门特区的对外开放优势、泉州民营经济
的产业优势、漳州闽南文化核心区的对台优势，向来是海峡西岸经济区最活跃的

---

① 漳州市统计局. 漳州市 2015 年国民经济和社会发展统计公报。

经济区块。三地语言、文化、习俗相近，经济交往、人员往来更是频繁，要素的密集度、发展的繁荣度、联系的紧密度，堪称全省之最，厦漳泉大都市区有条件打造为继长三角、珠三角、环渤海以及成渝之后的中国第五大城市群。

根据《厦漳泉大都市区同城化总体规划》（2011年），厦漳泉大都市区目标范围包括三市全域，面积约2.6万平方公里，2011年总人口1666万人。大都市区域核心区面积7772平方公里，2011年总人口约1200万人，包括厦门全域，漳州、泉州两市中心城区，龙海市、漳浦县、长泰县、南靖县、华安县的部分区域，泉港区、惠安县、石狮市、晋江市、南安市的部分区域。参照国家对长三角的定位及厦漳泉区位的特点，规划提出了厦漳泉大都市的四个发展定位，即中国对外开放的重要国际门户、海峡西岸先进制造业和现代服务业中心、国家海洋经济发展先行示范区、两岸经济文化融合发展的先行示范区和先行先试区。至2020年，厦漳泉基本实现同城化（包括规划同城化、基础设施同城化、产业发展同城化、公共服务同城化、要素市场同城化），同城化共建共享机制将较为完善，实现产业、空间和社会的高度融合。

"十三五"期间，厦漳泉将从目前一般性区域合作、城市联盟向紧密型、实质性、一体化融合的大都市区发展，强化内在联系和功能互补，加快同城化步伐，重点推进基础设施互联互通、产业发展协同协作、市场要素对接对流和社会保障共建共享。将推进厦漳城际铁路环线（R2、R3）、厦门城市轨道交通6号线漳州延伸段以及厦漳泉城际铁路1号线规划建设，实现厦漳主城区"半小时生活圈"和"厦漳泉大都市区一小时交通圈"。厦漳泉同城化发展一方面带来了更多的人流、物流和商机，另一方面也对漳州城市的建设提出了更高的要求，如何根据漳州的自身优势，发展相关城市特色，是漳州城市管理者必须面对的问题。随着厦漳泉一体化的发展，漳州古城将从制约漳州现代城市功能发展的因素，成为引领区域休闲文化、旅游等第三产业发展的重要资源，成为三市共同保护和开发建设闽南文化生态保护实验区的核心区域。

四、市委市政府的高度重视为漳州古城保护开发提供了有力支撑

漳州市委市政府历来十分重视古城保护工作，一直秉承"古城保护同步城市发展、新区建设反哺古城保护、古城保护确保居民受益"的指导思想。在城市规划上，漳州很早就走出了拆老城建新城的怪圈，制定了"建设新区、开发沿江、

改善旧城"的 21 世纪城市发展战略，以此保证了城市发展所需的空间和时间，从根本上避免了对老城区的开发性破坏。保留的历史古城闽南地方特色浓郁，涉台文物资源富集，当台湾本岛的历史街区已大多随经济高速发展而湮灭、大陆也无同类街区存留时，漳州古城作为两岸交流和闽南特色城市文化的代表将具有越来越大的影响和价值。

2012 年 1 月，中共漳州市委十届二次全体（扩大）会议审议通过《中共漳州市委关于推动社会主义文化大发展大繁荣的实施意见》，提出了"文化强市"战略目标。《实施意见》提出要牢固树立抓发展必须抓文化、抓文化就是抓发展的新观念，把文化建设纳入经济社会发展总体规划；要求强化政策保障，从财政、土地、金融等方面扶持文化事业，为文化繁荣发展提供科学指导和有效保障，创造良好的发展环境。

2014 年以来，漳州市委市政府顺应广大群众的强烈愿望，把加快漳州古城保护建设放在更加突出的位置，创新思路，强化举措，扎实有力推进保护建设工作。立足高标准规划设计，做到"先谋划后启动"、"开门做规划"，广泛邀请精通闽南文化的专家学者参与规划设计，确保古城规划和单体设计更有水准、更具特色、更充分体现闽南文化内涵和历史风貌。坚持以"老街情、慢生活、闽南味、民国风、台侨缘"为核心特色，以建成集文化、旅游、生活、创业于一体的国际文化旅游综合体为目标，突出打造"三城"：一是依托本地丰富地热资源，开发温泉民宿、温泉休闲等特色业态的"温泉城"；二是以台湾路、香港路等历史名街为重点，突出国家保护单位文庙、比干庙等，打造具有古城特色的"文化城"；三是以华侨新村老别墅群为重点的"休闲城"，植入咖啡馆、酒吧、艺术家工作室等创意和休闲产业，打造新兴时尚业态。

漳州市委市政府的高度重视，使漳州古城的文化内涵、传统特色和历史文脉得到了较好的保护，古城历史环境得到很大程度的改善，为古城下一步保护开发提供了坚实的政策后盾和制度保障。

第六章

漳州古城保护与开发总体策略

古城在得到保护的前提下也需要发展。这是时代的需求，也是百姓的意愿。特别是在国家大力推进城镇化和文化产业大繁荣过程中，古城的保护与发展已成为热点问题。通过对漳州古城的保护与开发，可以提升漳州的城市品位，探索古城保护发展的新模式；通过对传统文化资源的挖掘、整合、利用，可以延续漳州历史文脉，做精做优古城城市功能，激活漳州古城复兴之路，提升区域竞争力。

第一节　指导思想及基本原则

通过对漳州古城的整体保护，突出古城传统街巷格局，全面保护历史遗存和历史环境的真实性，挖掘和弘扬历史文化传统，延续城市历史风貌；通过"点"、"线"、"面"有机结合的整体保护框架，重点从整体到局部（整体格局、文物古迹、非物质文化）等方面提出保护措施，并优化和提升古城人居环境；通过合理利用历史文化资源，有机更新历史街区，保证对古城历史风貌的严格保护，以及对古城文化内涵与地域特征进行良好的保护、传承与更新，使之成为展示文化、传承历史、延续生活、面向未来的千年古城。漳州古城保护与开发总体策略如图6-1所示。

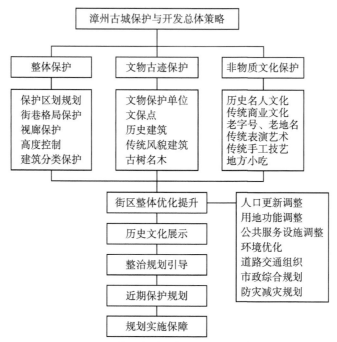

图 6-1　漳州古城保护与开发总体策略

一、指导思想

漳州古城的保护与开发应以"科学规划、综合保护、有机更新"为指导思想，按照"政府主导，居民参与，实体运作，渐进改善"的思路开展工作。

（1）漳州古城是漳州历史文化名城核心的历史资源和组成部分，应将其纳入全市整体发展战略层面予以通盘考虑，以保护提升漳州城市形象，促进古城健康持续发展。

（2）结合漳州传统中轴线，重点突出古城整体历史环境及风貌的保护。保护好古城内现存的空间格局、街道水系、文物古迹、历史建筑、历史环境要素等物质文化遗存，以及口述、传统工艺、地方习俗等非物质文化遗存。

（3）正确理解漳州古城的历史文化价值，制定切实有效的保护措施和手段，保护和传承古城特有的历史文化内涵，保持原有的社区结构和历史文脉的延续。

（4）通过建筑整治、交通梳理、绿化及市政设施建设，在科学保护历史文化遗产的基础上，有效改善人居环境，并与旅游产业、文化地产开发结合，促进古城有机更新、焕发活力。

二、基本原则

漳州古城的保护与开发应遵循以下基本原则：

（1）保护历史真实载体的原则。真实的历史遗存由于能够直观地提供遗存外表及内部的信息，是传递历史信息的重要来源，具有不可再生性。在漳州古城的保护建设工作中，必须注重历史真实载体的保护，而不是热衷仿古建筑和街巷。

（2）保护历史环境的原则。保护漳州古城"枕三台，襟两河"的自然风貌、"以河代城，以桥代门"的传统建城型制和"九街十三巷"的街道格局与肌理，以及历史遗迹、名木古树等，最大程度保证古城历史风貌的原真性。

（3）合理利用、永续利用的原则。城市是一个活的有机体，对于古城，保护与利用如同鸟之两翼、车之双轮，合理的利用可以促进保护工作的持续开展，将历史文化资源转化为发展优势。古城保护工作应该抓住核心价值，为合理利用留下空间。要根据历史遗存的不同特点确定恰当的利用方式，包括展示与旅游开发相结合等，使得"文物不古"，具有生命力和传承性，摒弃急功近利破坏性的保护与开发方式。

（4）全面保护与重点保护相结合的原则。全面保护是指要坚持整体保护，促进古城的生态环境、自然景观、人文景观、文物古迹、民居院落的保护，促进社会的、精神的、习俗的、经济的和文化的综合保护。在全面保护的基础上，突出重点，保护具有独特的历史、艺术和科学价值的人文历史遗存与周边自然环境。

（5）动态保护、促进经济发展的原则。漳州古城的保护要兼顾历史文化遗产保护、社会进步、经济发展和生活环境的改善，协调好保护与发展的关系，必须同时满足遗产保护、当前建设和未来发展三大必然要求。在充分尊重历史环境、保护历史文化的前提下，应对一些历史文化遗存进行合理的开发和利用，使城市的发展和建设既适应现代生活和工作的需求，又保护其历史文化特色，实现城市在保护中持续发展的目标。

（6）有形与无形互动的原则。漳州古城既要保护有形的、实体性的历史文化遗产，又要继承和发扬无形的非物质文化遗产，使有形的和无形的遗产相互依存、相互烘托，共同反映城市的历史文化积淀，促进物质文明和精神文明的协调发展。

（7）照顾民生、居民参与原则。体现人与古城的和谐。保护漳州古城必须造福于原住民，让原住民受益、赞成、高兴、满意。通过调整业态和实施危旧房改善、庭院改善、物业管理改善等工程，努力提高保留住户的生活品质。在古城保护与更新中通过政策引导、宣传发动，调动居民参与的积极性，努力解决因保护需要而给居住者带来的生活和其他方面的困难，真正让传统风貌的保护成为每一位居民的自觉行动。

第二节　保护与开发重点内容

一、保护古城历史格局

漳州古城虽历经 1200 多年的发展，但是古城墙城址的变动却不大，是漳州历史遗存最集中、历史文化氛围最浓厚的区域，具有独特的闽南文化积淀和漳州城市个性特色。要整体保护漳州古城"枕三台，襟两河"的山水环境，保护"以河代城，以桥代门"的建城型制，保护"三面城河，一面城墙"的城中城做法，保护"九街十三巷"的街巷格局和"衙署、文庙、府学、城垣、子城壕沟、南山寺、八卦楼"等能唤起历史记忆的重要标志。保护古城区轴线，控制古城区景观视线走廊，控制城区整体建筑高度，划定高层禁建区，整体保护老城空间形态。

发展新区，疏解老城。合理调整老城功能，降低老城人口密度。与"水城、绿城"规划相结合，改善古城区内河水系环境，增加绿化空间，推进绿道建设，实施"公交优先、绿色出行"。增加城市历史文化的展示空间，将文化旅游与休闲旅游相结合，弘扬城市历史文化，展示城市特色风貌。

二、古城保护结构

根据保护主题及内容，漳州古城保护结构概括为"一城、二环、三轴、三廊、三片"（见图 6-2）。

一城：即城墙范围内的整个古城区。

二环：外环指古城墙，内环指东、西、北宋河。

三轴：龙溪县城轴线、漳州府城轴线、漳州府衙轴线。

图 6-2　古城保护结构

三廊：是指芝山、南山、威镇阁三者之间的三条视线通廊。

三片：唐宋子城历史文化街区、侨村历史文化街区、芝山历史文化风貌区。

三、整体保护措施

（一）山水环境的控制

"城因山而灵，因水而活"，芝山、南山、九龙江是古城选址发展的重要依托，是城市轴线的重要节点因素。在古城的保护工作中，应警惕山体水系的过量开发，造成山水资源破坏，城市"失色"。

1. 芝山、南山保护措施

（1）确定山体的保护带、建设控制地带。沿山脚线划定为山体的保护带，除必要的旅游服务设施外，严禁任意形式的开挖山体建设。

（2）沿山脚线外围 100 米划定为山体建设控制地带。根据"显山、透绿"原则，控制山体周围的建筑高度，创造丰富的天际线，控制建筑外观。芝山建设控制地带内，建筑应与芝山大院建筑风格相协调，应采用坡顶。整体采用与周边已建建筑同类色相、相近色相的搭配方法，采用白色、暗红色作为主色调，同时与整体绿色背景交融。南山寺建设控制地带内建筑应采用坡顶，采用浅色系、高明度、低彩度的白色、红色。

（3）建立良好的视觉关系，形成古城区视觉走廊。控制芝山—南山、芝山—威镇阁、南山—威镇阁视线廊道。禁止视线廊道上超过 12 层（36 米）的建筑开发。

图 6-3 为临山体建筑高度控制示意图。

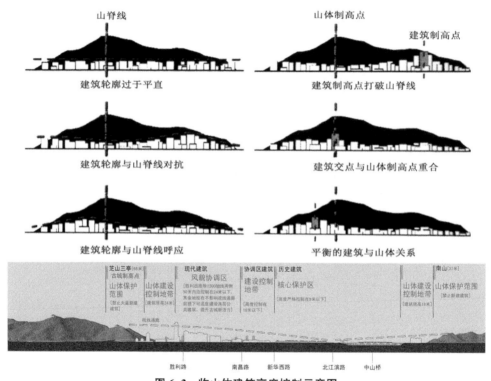

图 6-3 临山体建筑高度控制示意图

2. 九龙江水体保护措施

（1）治理水环境，避免水体污染。

（2）合理调整滨水沿线功能，提供更多的公共活动空间。

（3）控制滨水地带的建筑红线和建筑高度。

（4）弘扬滨水文化，结合古城的保护，开发城市旅游。

（二）疏散古城区功能

漳州过去几十年的发展，得益于古城区深厚的基础。但是目前古城区过于饱和，绿化少，交通堵，停车难，已制约漳州进一步腾飞。旧城功能需有机疏散更新，才能焕发新的活力。城市发展要东移，老城要留下精华的东西，提倡"住东城，玩老城"，将古城区由原来针对本地生活的居民区转换成面向外界的传统文化展示区、旅游区、商贸区。

1. 古城区功能调整策略

（1）古城区居住功能外迁，增加绿化空间，降低人口密度，提升环境品质。古城区逐步演变成游、吃、购、娱等与旅游发展相关的区域。

（2）鼓励古城区沿江地块多功能混合，增加滨水公共空间，适当建设酒吧街、游船码头，与水城、水上巴士相结合。

（3）古城区将"文化旅游"作为新的功能亮点，转换古城区内部分建筑功能，增加文化展示的空间，调整商业业态，发展特色高端商业，形成集游览、娱乐、美食、购物等于一体的文化旅游区。

2. 古城区功能调整

（1）芝山大院的行政办公功能东移至龙文区后，将芝山大院改造为红色文化旅游与教育基地，并适时研究完善开元寺、净众寺、法济寺等佛教文化设施。

（2）塔口庵、大同路街区改造提升为商业街区，转移承接延安北路的"夜市"功能。

（3）"百里弦歌"路（地处古城西南角，闽南师院大学东门，路名起于明代）两侧调整改造为商业街巷，重现昔日"百里弦歌"的繁华市井景象，激发该街区的文化和商业活力。利用原自来水厂用地，建设古城文化展示馆。

（4）将华侨新村别墅建筑置换成旅游度假酒店、文化创意工作场所。

（5）唐宋子城历史街区内逐步弱化低端日用品、小吃街等为当地居民服务的经营模式，借助传统老字号名气，重新包装，打造精品，提升商业档次，契合文化旅游发展。将"文化旅游"作为新的功能，转换部分建筑功能，增加文化展示空间，调整商业业态，发展特色高端商业，形成集游览、娱乐、美食、购物等于一体的文化旅游区。

（6）将原图书馆改造为博物馆，作为漳州近代文化和闽南地区民国建筑风貌展示区。

（7）对台湾路、香港路的传统业态进行整合提升，打造成传统老字号名品街，从事传统文化、传统工艺、传统艺术、特色中药的展示交流活动。

（8）整治改造芳华里、龙眼营、万道边等传统住区，结合民居改造工程，打造成传统民俗民宿体验区。

（9）将延安南路打造成精品购物一条街，将新华西路段（青年路至钟法路）和青年路北段（新华西路至芳华横路）打造成闽南传统小吃一条街。

（10）北京路沿线、东宋河沿线以地热温泉资源为卖点，着重开发温泉度假酒店、温泉民宿、温泉特色餐饮，打造成温泉娱乐一条街。

（三）控制古城区人口容量、建筑高度

1. 人口容量控制

古城区内现常住人口约 6.5 万人，其中唐宋子城约 9000 人，人口比较密集，给古城区的保护造成了较大压力。

采取"疏解功能，减少总量"的控制思路，降低古城区人口密度。引导古城区人口向外疏解至龙文区、金峰片区等。一方面，部分居住功能外迁，置换为商业用地，提高老城的居住标准，逐步疏解现居住用地上的人口，并在旧屋区改造过程中，严格控制新增住宅建设量，优先考虑老城公共服务设施和基础设施的配套完善，同时配套制定相应的政策与措施，鼓励和推进古城区内单位和居民外迁疏解；另一方面，要加强新区开发和配套设施建设，特别是功能调整安置房的建设，增强外部新住宅对人口的吸引力，使人口陆续外迁。通过推力与拉力的双向作用，有效疏解古城区内过于集聚的人口与功能，减轻古城保护的压力。

2. 高度控制

严格控制古城区高层建筑，抢救性保护老城整体空间形态，保护传统街巷尺度，彰显人文特色。在古城的核心保护范围内，应保持现有建筑高度，禁止在建筑周边及屋顶进行加建、搭建等扩建行为，已经加建、搭建的部分应逐步予以拆除，作为小型活动场地、绿化用地；经程序或专家认定可行的新、改、扩建活动，其建筑高度应控制在三层以下。

在古城的建设控制地带内，原则上建筑高度应控制在六层以下，新、改、扩建的建筑，其高度不得超过六层，且应与保护范围内的历史风貌相协调；建设控制地带内现状超过六层的，原则上应予以逐步拆除或改建，拆除或改建难度较大的，近期予以保留，远期应予以拆除或改建，拆除或改建后新建建筑的高度不得超过六层，且建筑风貌应与核心保护范围相统一。

在古城的建设控制地带以外、古城区范围以内的区域，规划作为风貌协调区，建筑高度原则上应控制在十二层以下。风貌协调区内建筑高度超过十二层的，原则上应予以拆除或改建，拆除或改建难度较大的，予以保留，在以后的改建活动中，建筑高度应控制在十二层以下，建筑风貌应与建设控制地带相协调。

在古城区以外、博爱道南侧的滨江区域，现状建筑高度达 100 米，对古城区及九龙江西溪形成了压迫感，且对漳州府城轴线影响较大。基于漳州府城轴线保护、古城区风貌协调、九龙江西溪北岸景观保护的需要，将古城区以外、博爱道南侧的滨江区域划定为高层禁建区，该区域以低层为主，建筑高度控制在三层以下。对于该区域内现状新建且规划期限内拆除较难的高层建筑，近期予以保留，但应进行底层部分的细部调整，使其色彩、装饰等与历史文化风貌协调。

（四）改善绿化、水系环境

1. 绿化

古城区绿化少、建筑密不透风，应结合旧城更新改造，拆除破旧建筑，增加公共绿化活动空间，形成"点、线、面"相结合的绿化系统。

（1）节点绿化：改造塔口庵、东桥亭、西桥亭、时阜门、"百里弦歌"巷，每处适当增加小型集中的绿化空间。

（2）线状绿化：除洗马河带状绿化公园外，建设滨水区绿化，沿三湘江两侧留出 10~30 米宽的绿化带，沿东西宋河根据现状建设条件，划定 2~10 米的绿化带。另外，结合城墙遗址保护要求及漳州绿道规划建设，建议在旧城更新改造中沿古城墙遗址位置留出 8~20 米的绿化带。

（3）面状绿化：建设芝山文化公园、南山文化公园，与胜利公园、中山公园一起作为古城区面状绿化空间。

2. 水系

以往在水系保护中，只重视防洪排涝等工程问题，河道整治内容单一，对水文化重视不够，使得"千河一面"，河道特色难以体现。道路和建筑紧邻水岸建设，居住建筑占岸线长，没有形成连续的滨河慢行交通系统，滨水开敞性和可达性低，资源共享性不足。

通过南门溪、三湘江、东西宋河水系整治、沿线功能调整，提升滨水活力，延续沿河繁荣景象。

（1）在水系治理方面，建议引水冲刷东、西、北宋河，洁净水系，禁止污水污物排入水体。

（2）在沿河交通方面，原则上后退水岸 20~30 米的距离，采用 8 米的林荫道形式，与绿道结合，组织滨河慢行系统。增加垂直于宋河的绿楔组织步行交通，增强滨河可达性。

（3）在东西宋河沿岸用地功能方面，改变沿东西宋河岸线全被私人居住占用的现状，增加绿化活动空间和公共功能，提升滨水区活力。

（4）在滨水开发模式方面，建议靠古城外侧滨水破败的居住建筑拆除后，秉承"露水、透绿"原则，采用绿地与小酒吧商业用地间插的形式开发滨水区。另外，建设亲水平台和沿河步道。保护东西桥亭，建设桥亭广场。建设东西水闸纪念碑，绘制自宋朝开始的水运路线，展示漳州古城建设与水运发展历史的关系。

（五）改善老城交通及市政环境

古城区的交通系统发展必须坚持以公共交通为主体、自行车和步行为辅助的绿色交通发展模式。

（1）由博爱路、钟法路、女人街、新华南路围合的街区划定为绿色交通区，区内禁止机动车通行，仅允许游览电动车、自行车、人力三轮车及步行。

（2）绿色交通区内部支路转换成绿道、步行街形式，减少钟法路上机动车丁字交叉口形式。整个古城区车行交通主要依托胜利路、南昌路—瑞京路、延安北路、芝山路—学府路、腾飞路、新华南北路、北江滨路组织。

（3）在绿色交通区外围，结合新华南路、江滨路、钟法路、延安南路设置四处游客集散中心，配置公共停车场、旅游巴士停靠站、游览电动车始发站、自行车租赁点等。

（4）结合古城交通改善专项规划，在古城区内部配套完善地面停车场、地下停车场、立体停车楼、非机动车停车场、旅游巴士停靠点。一是完善并开放胜利公园、漳州宾馆、芗江酒店、老长途汽车站、钻石酒店、中山公园东入口、市行政服务中心等多处停车场，提高古城区地面停车服务水平。二是在中山公园北入口、修文东路东入口、钟法路西入口规划新建地下停车场，在芗城区政府、市医院、原自来水公司东侧、新路顶规划建设立体停车楼。

（5）结合漳州绿道网规划，建设东西宋河绿道，通过增加绿化隔离带、改造道路断面的形式，将修文路、新华西路、博爱路改建成自行车绿道，贯穿连接至外围城墙绿道。

（6）女人街、新华西路、芳华横路、太古桥路、台湾路、香港路、延安南路、青年路、北京路通过增加街头花坛、雕塑小品、座椅、花架长廊等形式，改建成文化游览步行街。

（7）完善市政管线和设施，不宜设置大型市政基础设施，市政管线宜采取地下敷设的方式。结合建筑与环境整治建设垃圾收集站、变电箱、公共厕所等设施，设施外观和色彩应与历史风貌相协调。

（六）历史街巷的保护

根据清康熙五十四年（1715 年）绘制的古城街道图（见图 6-4），漳州古城区内街道达 48 处，至今"九街十三巷"格局依然完整，虽历经多次修建，部分街巷依然沿用古街道名称，如东桥街、西桥街、北桥街、府前街、县前街等。[①]

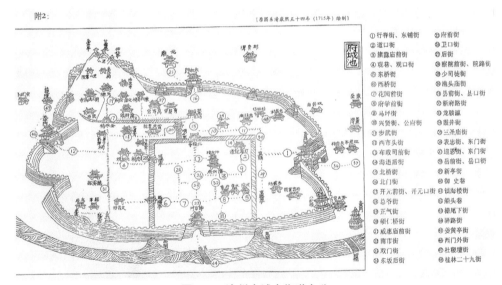

图 6-4 漳州古城古街道名称

应保护古城区"九街十三巷"格局，保护古城区内保存完整、内涵丰富、特色明显、能够系统串联文物古迹和历史地段等历史文化资源的历史街巷，如芳华里街巷、香港路街巷、龙眼营街巷、始兴南北路街巷、侨村外围百里弦歌—管仔头巷、大同路山顶巷、乌衣巷等。台湾路与香港路是以前店后坊建筑为主的传统商业街，但其建筑风格迥异。香港路为典型的闽南风格的骑楼式，而台湾路则是典型的中西合璧的非骑楼式，其代表建筑天益寿药店、万圆钱庄、新生布行等老字号商铺的建筑具有明显的南洋风格。始兴北路是闻名漳州的"府埕"，原为陈

---

① 王和贵，汤怀亮. 漳州芗城文史资料（第十四辑）[D]. 政协芗城区委员会文史资料委员会，2003.

炯明主政漳州时所建的迎宾旅馆，现为漳州传统小吃的荟萃之地。芳华南路则集中体现了漳州传统的二层住宅形式，双坡红瓦屋面、木墙板、木廊檐带内天井。尤其值得一提的是，祖祖辈辈生活在这里的人们，他们的传统生活方式、店铺经营模式、小吃制作手艺等都是这一历史街区不可缺少的部分，也是区别于其他街区的特色所在。

保护历史街巷，就要沿用古街巷名称，划定街巷保护范围，保护街巷现状空间尺度，保护街巷上重要的历史元素，如牌坊、骑楼、老字号店面招牌等，并保护历史街巷的历史环境要素。吸取台湾路、香港路、芳华里街道保护的成功经验，采用"一户一表"的形式对照整治改造，改善沿街建筑界面景观，清洁街道，增加绿化及环境小品。借鉴成都宽窄巷子、南宁"三街两巷"、福州"三坊七巷"的保护更新模式，实行"商旅文"联动，在保护历史街巷原真建筑风貌的基础上，形成汇聚民俗生活体验、传统小吃、高档商品、娱乐休闲、情景再现等业态的"漳州城市怀旧旅游文化中心"。要体现"古"字，坚持"修旧如旧"，注重传承与保护历史文化特色和古建筑风格；要突出"文"字，展示历史、建筑、民俗文化内涵；要注重"商"字，坚持保护、改造、修缮与旅游、商贸相结合，推动文化繁荣、产业发展。

第三节　保护与开发思路

一、论证目标，确定发展方向

漳州古城拥有 1200 余年的悠久历史，其街巷肌理、建筑风貌别具特色，具有十分重要的价值。从唐宋元明清到民国，从历史建筑、名人旧居到老字号店铺，漳州古城悠久的历史文化和丰富的民俗传统浓缩萃取为一粒粒充满生命的"种子"，播撒遍布于古城，生根发芽，苗壮成长，使古城的灿烂遗产永远留存。漳州古城由于有大量居民生活其中，日常生活中的点点滴滴构成古城生活的一幅完整画卷。丰富的年代生活积淀，鲜活的生活记忆，构成了闽南活的古城，是现代城市中的"活态世遗"。

漳州古城具有有机更新、重新激活的可能。因为：①漳州古城仍然是漳州人民心目中的城市核心，古城保护与有机更新是漳州人民建设家乡、传承文化的呼声和要求；②两岸的和平交流，漳州籍台胞及遍布全球的闽南人的寻根问祖是推动古城保护的重要助力；③闽南文化很有地域特色，在新的社会发展阶段，利用文化的差异性，开展旅游、休闲活动，培育第三产业是漳州古城保护的必然之路。

通过对漳州古城的保护和有机更新，使漳州古城成为展示文化、传承历史、延续生活、面向未来的千年古城，打造集文化、旅游、生活、创业于一体的国际旅游综合体，推进"水城、绿城、历史文化名城"三城同构。以在历史中生活、在生活中感受历史为原则，突出古街、古迹、水系、非物质文化遗产等保护重点，延续古城历史文脉，实现"振兴古城、传承文化、永续发展"。在古城整体发展上，确立打造"闽南风，漳州味，宋河韵，老街情，慢生活"的发展目标。

"闽南风"就是漳州古城有着浓厚的闽南地域特征，在全国古城中独树一帜。

"漳州味"就是漳州古城以其儒雅的整体风貌与建筑特色，在闽南地区城市风貌中具有独特性，古城的街巷肌理、历史建筑体现了漳州本土的人文气息。

"宋河韵"就是充分恢复宋河在漳州古城历史演变中的重要作用，充分利用宋河水系两岸景观及丰富的地热温泉资源，亮出宋河沿岸景观，并通过打造温泉体验特色聚焦人气，重现"至诚无息，博厚悠远"的宋河古韵。

"老街情"就是用古城有机更新的理念，制定保护规划和发展策略，通过对沿街界面进行补充、修缮、整治，恢复古城传统的街巷肌理及各个历史时期的特色风貌，引导古城社区"乡愁"氛围环境的营造。

"慢生活"就是通过对街、巷、院空间的各种传统生活的梳理、活化和重塑，依托丰富的主题广场设计，将传统节庆与创意活动相结合，激发古城活力。①

二、制定框架，实施整体保护

（一）整体保护框架

通过"点"、"线"、"面"有机结合的整体保护框架，重点从整体到局部（整体格局、文物古迹、非物质文化）等方面提出保护措施，并优化和提升古城人居环

---

① 张乐敏，张若曦. 闽南历史风貌街区有机更新中的"乡愁"要素分析研究——以漳州古城保护更新设计为例［J］. 城市建筑，2015（20）.

境。以活化古城、留住乡愁、营造美丽为策略，突出古街、古迹、水系、非物质文化遗产等保护，着力保护古城的空间肌理。以保护为主，通过对有价值建筑的保护及修缮，对现有危房或违章搭盖建筑进行拆除，疏通东宋河两岸和古城内部公共活动空间，重点打造比干庙、孔庙、府学、府衙中轴线、学校、温泉城和人口广场等节点，从而整治出更多公共活动空间；其次推动对修文路、北京路、延安南路、青年路等历史街道两侧建筑的整治，形成带状的古城风貌；最后推动东宋河、龙眼营、芳华里等片区的整体修复，从而达到活化古城、提升古城整体面貌的目的。

（二）整体保护战略

（1）寻求双向发展的融合。古城发展策略应该摒弃过去大拆大建的单向发展模式，寻求"自上而下"的政府引导与"自下而上"的古城居民自觉参与相结合的双向发展融合。一方面，在古城空间肌理上，采用分阶段渐进式生长更新，促进古城自身有机发展，避免建设中的"用力过猛"现象发生。另一方面，运用社区营造的模式，激活古城魅力，引导古城居民自觉参与，活化地域空间。

（2）分阶段渐进式生长更新。从历史角度来看，古城的发展历程不是一蹴而就的，而是分阶段的，是在一定时间段内逐渐形成的。古城是有生命的，特别是漳州古城，由于有大量居民生活其中，日常生活中的点点滴滴构成古城生活的一幅完整画卷。这也是古城活力与吸引的力所在——生活的世界遗产。在古城保护发展的过程中，"大拆大建"式的野蛮发展和绝大部分古城居民离开古城，将导致古城人口的大量流失，会对古城发展造成致命打击。因此，必须分阶段对古城进行保护性建设，合理确定各阶段古城建设的步骤与发展目标，确保古城历史脉络延续与发展。

（3）社区营造激励活态发展。社区营造是一种参与式的发展模式，在政府的推动下，本地居民自觉参与本地区的发展建设，共同促进城市发展。社区营造理念能够维持并激励古城保持活态发展。漳州古城作为"活的世界遗产"，其最具魅力的独特性就在于此。社区营造激励活态发展主要体现在：社区营造能够通过引导社区居民参与，结合古城空间肌理，营造出浓厚的乡愁氛围，唤醒漳州人民沉睡的记忆；社区营造能基于制度设计，引导古城居民修缮旧建筑；社区营造理念鼓励以创意再现传统，通过引进创新的商业模式、恢复老字号"百工百业"、修复传统的文化空间，将形成漳州新的旅游吸引点。

（4）活态古城提升区域竞争力。较之于泉州商业气氛的张扬、厦门嘉庚风格的中西混搭，漳州古城以其儒雅的整体风貌与建筑特色，在闽南地区城市风貌中具有独特性。这份儒雅，是漳州在闽南地区乃至全国、全球范围的竞争中具有的独特优势。儒雅的活态古城，既是本地居民怀念过去、激发乡愁的场所，又是漳州参与区域竞争、实现经济良好快速发展的重要优势。科学规划、合理利用，保障古城永续发展，是维护漳州人民精神家园的要求，也是保持漳州特色、维护良好城市风貌的必然选择。

三、分类引导，划定保护层次

（一）街区保护结构

通过梳理街区传统街巷格局，结合各文物古迹及历史环境要素分布，形成"一核、一带、两轴、多街、散点"的保护结构。

一核：文庙及复原府学组成的文化核心。

一带：宋河滨水文化带。

两轴：漳州府城轴线的漳州古城段、漳州府衙轴线。

多街：街区内台湾路、香港路、芳华横路、始兴北路、延安南路、修文路、青年路、北京路等传统街巷。

散点：街区内散布的文物保护单位、历史建筑等物质遗存。

（二）保护区划划定

核心保护范围应是文物保护单位及历史建筑最集中的区域，漳州古城历史文化街区的核心保护范围为北至中山公园和新华西路，西至青年路现状东侧路沿，南至万道边和现状博爱路北侧建筑，东至延安南路东侧第一排建筑及共和路，约21公顷。建设控制地带是指为了保护文物古迹及历史文化街区主要风貌带的完好所实施保护控制的地段，界线为核心保护范围以外，北至新华西路和女人街，西至钟法路东侧道路红线，南至规划博爱路北侧道路红线，东至新华南路西侧道路红线，约32公顷。

（三）传统街巷保护

1. 保护内容

重点保护漳州古城内保存较为完整的传统街巷10条：台湾路、香港路、延安南路、修文路、芳华横路、芳华南路、始兴北路、青年路、北京路、龙眼营，以及部分传统巷道（石罗巷、龙眼营一巷、华南小巷、漳南道巷、香港路小巷、香港路一巷、香港路二巷、香港路三巷、香港路四巷）。

（1）台湾路（府前街）：维持街巷空间尺度及红瓦双坡顶、"竹篙厝"的建筑形式，保持原有的建筑高度、体量、色彩及外观形象。注重建筑窗拱、柱式细部的维护。保护老字号店铺，延续街巷商业氛围。

（2）香港路（南市街）：重点保护两座石牌坊及骑楼的建筑形式。恢复前店后坊上住宅的传统居住空间格局，维持街巷空间尺度，保护红砖白墙的整体色彩风貌。恢复店招，延续街巷商业氛围。

（3）延安南路（马坪街）：维持街巷空间尺度，对道路两边建筑进行整修，保护骑楼建筑风貌。

（4）修文西路：重点保护文庙，维持街巷空间尺度，将现有西桥小学迁出，通过考古挖掘，恢复府学、泮池。按古城建筑风格修缮道路两边建筑，对街道店面进行卫生整治。

（5）芳华横路：重点保护街巷南侧传统闽南合院民居，传承传统生活方式。注意维持沿街民居山墙风貌连续性，特别是马鞍屋脊、门、窗等细部构造。保持北侧中山公园的通透性。

（6）芳华南路：保护两侧传统的二层住宅形式。

（7）始兴北路：维持街巷两侧中西合璧的红柱白墙建筑，融入漳州文化，进行业态更新。

（8）青年路：重点对青年路东侧沿街建筑进行立面修缮，恢复老字号店招，维护骑楼建筑风貌。

（9）北京路：维持街巷空间尺度及骑楼建筑风貌。

（10）龙眼营：保持街道空间尺度，保护整修质量较好且相对集中的民居，结合整片街区进行改造，保持街巷内部生活氛围。

（11）街区内部传统巷道里弄：保持传统巷道的空间尺度及界面肌理，注重巷道的连通性，适当增加巷道内的开敞空间。

2. 保护措施

（1）保护和延续传统街巷路网的格局和特色，针对各街巷风貌特点，保护街巷不同的构成要素。主要维持街巷空间尺度及红瓦双坡顶，保持道路两边建筑的建筑高度、体量、色彩及外观形象。注重建筑窗拱、柱式细部的维护。保护由连续起伏的红瓦双坡屋顶构成的第五立面质感和肌理，使街巷成为整个片区整体传统风貌的重要展示面。

（2）保护街巷上重要的历史元素，沿用古街巷名称，保护牌坊、骑楼、老字号店面招牌，恢复街道石板路面等。

（3）完善基础设施，占用街道空间的电线杆、各种电线变压器、电话转换器等有碍观瞻之物应将线路入地或移位。清除街道上所有的违法搭建棚舍。新设置的路灯、指示牌、招牌、垃圾桶等应加以妥善的隐蔽设计，风格应与环境相协调，不宜采用现代城市做法。更换地面铺装材料，使其既与整体的传统街道环境相协调，又与不同的局部环境相协调，创造出既统一又丰富的街道空间环境。

（4）对于与传统风貌不协调的建筑，应采取整治、更新等措施，进行立面传统化处理，保持街道界面的连续性，保证与传统建筑风貌相协调。吸取台湾路、香港路、芳华里街道保护的成功经验，采用"一户一表"的形式对照整治改造，改善沿街建筑界面景观，清洁街道，增加绿化及环境小品。

（5）结合整治规划，利用拆除房屋空地，开辟邻里公共开敞空间，改善街巷环境。

（6）在保护街巷传统风貌的基础上，有机更新业态，激活街巷活力。借鉴成都宽窄巷子、南宁"三街两巷"、福州"三坊七巷"的保护更新模式，实行"商旅文"联动，在保护历史街巷原真建筑风貌的基础上，形成汇聚民俗生活体验、传统小吃、高档商品、娱乐休闲、情景再现等业态的"漳州城市怀旧旅游文化中心"。

古城街巷风貌特色与现状如表 6-1 所示。

表 6-1 古城街巷风貌特色与现状

街道名称	风貌特色	现状	照片
台湾路 （府前街）	路两侧民国初年传统的红瓦双坡顶、挑檐砖木结构建筑，有古典窗拱、柱式的西洋建筑，均为非骑楼形式；街区内为台湾路中段，是明显的中西合璧式建筑，老字号店铺林立，41 号和 171 号还有两处石牌坊残迹	经过整治，台湾路整体建筑保存较为完好，风貌特色明显，但业态低端化明显，店铺雨棚严重破损，遮挡街道视线	

街道名称	风貌特色	现状	照片
香港路(南市街)	唐宋至明清时期漳州的城市中轴线，路两侧都是民国初年砖木结构骑楼建筑，红瓦双坡顶，木板墙面与胭脂砖相结合；沿街店铺为前店后坊上住宅，建筑风格为西洋与闽南相混杂，招牌字号都雕造在骑楼上方；双门顶段有两座明代石牌坊，牌坊间打石巷二楼有全国最小的空中庙宇——伽蓝庙	修文西路以北段香港路经过整治，风貌保存完好；南段沿街少数建筑立面遭到破坏	
延安南路(马坪街)	旧时漳州主干道，布满各式各样的商店，北段大多数是民国初年砖木二层非骑楼式建筑；南段路两侧大多数是民国初年砖木二层骑楼式建筑	延安南路北段单侧街已经整治完成，目前靠近博爱道段的西侧建筑大多毁坏严重	
修文路	学府前街段有漳州文庙，文庙西面民国以前设府学，现为西桥中心小学；现存的传统建筑多为骑楼式建筑，木结构、木墙面的建筑较多，部分为砖石墙面	修文路两侧建筑质量较差，现代建筑对传统建筑的冲击较严重；中西结合的近代建筑亦存在，但为数不多	
芳华横路	街区内仍保留着型制较完整的几座传统大院落，如"徐氏家庙"、"罗厝"和"刘厝"等	经过整治，街区内部大厝及巷道空间保持完整	
芳华南路	集中体现了漳州传统的二层住宅形式，二层出挑，双坡红瓦屋面、木墙板、木廊檐带内天井	2010年路面改条石铺砌，但两侧建筑立面存在不同程度的破损	
始兴北路	闻名漳州各县、市、区的"府埕"，原为1919年陈炯明主政漳州时所建的"迎宾旅馆"，曾经漳州传统小吃的荟萃之地，手抓面、干拌面、牛肉面、豆花粉丝、锅边糊、五香、粿条、卤面、粽子和三角饼等闻名遐迩	两侧建筑经过整治，风貌保持完好，且业态进行更新，成为市民主要的休闲娱乐场所	

续表

街道名称	风貌特色	现状	照片
青年路	民国七年拓建为石板路，两侧全为骑楼式建筑，中段有市级文物保护单位嘉济庙碑和名宅何衙内，以及"五成米绞"碾米厂、"同善堂"药铺、"至和堂"药铺、"九和堂"提线戏、"奇苑"茶庄、"蔡福美"鼓店等老字号	目前道路西侧建筑均已拆除，东侧骑楼大部分建筑立面遭到破坏	
北京路	地处温泉地带，自古就有温泉澡堂，两侧建筑以骑楼风格为主	大部分已拆迁改造，只余中段还是老街	
龙眼营	龙眼营是以居住为主的传统街道，沿街建筑各种特色混合存在，木墙面与胭脂砖或抹灰墙面的传统建筑各居其一，还有一部分现代建筑；龙眼营南段有侍王府及宋代古井一座，还有一些质量较好的民居	大部分为现代建筑，风貌缺失；街道在南段拐弯，导致附近建筑布局较乱，同时与博爱路交汇处空间狭窄，缺乏应有的流动性	
巷道里弄（石罗巷、龙眼营一巷等）	宽度1~2米，大部分为直线段，两侧多为建筑山墙面	由于交通不便，居住人口较少，两侧建筑破损较为严重，多为断头路	

（四）视线廊道保护

1.视线廊道

重点控制香港路（台湾路—万道边）、台湾路（青年路—延安南路）、始兴北路—府衙旧址三段视线廊道。

（1）香港路（台湾路—万道边）是漳州府城轴线的核心精华部分，该段包含了大量历史文物古迹，如石牌坊、香港路骑楼，风貌特色保存较为完好（见图6-5）。

（2）台湾路（青年路—延安南路）是漳州街区中的精华。民国时期为砖石路面，该段是明显的中西合璧式建筑（见图6-6）。

图 6-5　香港路街景

图 6-6　台湾路街景

（3）始兴北路——府衙旧址段原为府衙中轴线，紧挨府城轴线。陈洪谟郡治迁到龙溪县县城后，在今芗城区中山公园（规划设计图见图 6-7，南门复原修缮图见图 6-8）所在地（今台湾路与大同路之间）兴建新府衙（清光绪漳州府署图见图 6-9）。后民国时期在府衙旧址上兴建国民图书馆，现仍保留着。[①]

图 6-7　民国中山公园规划设计图

图 6-8　中山公园南门复原修缮图

---

① 清光绪版《漳州府志》。

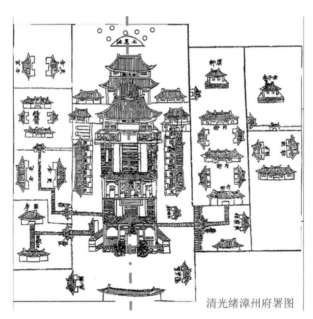

清光绪漳州府署图

图 6-9　清光绪漳州府署图

2. 控制措施

保持视线廊道上的传统风貌真实性，原则上不再重建建筑。保持视线通廊两侧建筑、构筑物原有的高度、体量、色彩及外观形象。保护台湾路、香港路的胭脂砖墙面，注重中西合璧的窗拱、柱式细部的维护，保证传统街道界面鲜明的漳州特色。结合街区南门广场打造，打通牌坊—香港路—南门广场—江滨路—九龙江的视线廊道，连接街区至江滨公园的道路，强化漳州古城府城轴线。保证始兴北路—府衙旧址视廊上始兴北路、府衙南门、龙柱亭、图书馆视线的通透性。拆除影响视线廊道的雨披等构筑物，规范广告牌样式，保证廊道视觉效果。

（五）文物古迹保护

1. 文物保护单位

漳州古城内历史遗存丰富（见表 6-2），有全国重点文物保护单位"尚书探花"和"三世宰贰"两处明代石牌坊、漳州文庙、林氏宗祠，2 处省级文物保护单位（中共福建临时省委旧址、简大狮避难处），10 处市级文物保护单位（七星池、侍王府（通元庙）、府衙旧址、嘉济庙碑、闽南工农革命委员会旧址、博爱碑、王升祠、龙汀县人民政府旧址、东桥亭及其沟壕、半月楼（丹霞书院旧址）），以及现代作家杨骚故居、两处石牌坊残迹和台湾徐氏后裔的祖厝徐厝巷等，闽南风情、古街神韵在这里尽情展现。对于文物古迹的重新利用必须遵循五个原则：

表 6-2　古城文物保护单位

级别	名称	位置	推荐功能
全国重点	漳州石牌坊	香港路	文物古迹展示
	漳州文庙	修文西路 2 号	展示耕读文化、儒家文化、中原文化，设立国学讲堂
	林氏宗祠	振成巷	宗教文化展示
省级	中共福建临时省委旧址	振成巷	红色文化展示，革命教育基地
	简大狮避难处	新华西路	名人故居，文化展示交流
市级	七星池	中山公园内	游览景观功能
	侍王府（通元庙）	龙眼营	宗教文化展示
	府衙旧址	中山公园内	展示漳州街区历史
	嘉济庙碑	青年路 108 号	历史文化展示
	闽南工农革命委员会旧址	中山公园内	红色文化展示，革命教育基地
	博爱碑	中山公园内	展示民国时期第一公园建设历史
	王升祠	香港路二巷七号	宗教文化展示
	龙汀县人民政府旧址	新华西路 220 号	革命教育基地
	东桥亭及其沟壕	修文东路	宗教文化展示
	半月楼（丹霞书院旧址）	新华南路零伍大厦内	展示耕读文化

（1）利用和维护相结合的原则。《威尼斯宪章》第五条特别提到："为社会公益而使用文物建筑，有利于它的保护。"许多事实都表明，在严格控制下妥善合理地使用文物是维护它们并永久传承的一个最好办法，它不仅有助于保护工作的落实，而且赋予文物古迹新的活力。

（2）变更最少原则，即尽可能按照其原来的功能继续使用。如若条件不允许时，至少也应采取使建筑、结构、地段和环境变更最少的使用方案。

（3）根据性质区别对待。例如，对侧重于宗教信仰价值的文物保护单位，应当保持该类型的纯粹性并在一定的时候严格限制参观活动；对主要考虑建筑的特色及经济价值的文物保护单位，可以在兼存其他方面的同时致力于开发利用。

（4）对文物古迹的保护性利用与更好地恢复文物、历史地段的生命力相结合。《内罗毕建议》提出"在保护和修缮的同时，要采取恢复生命力的行动"，在对文物进行保护、修缮和使用的同时，还制定了专门的政策复苏历史文物及其群体的文化生活，使它们在社区和周围地区的文化发展中起到促进作用。同时把保护、恢复和重新利用历史文物与城市建设过程结合起来，使它们具有新的经济意义。

（5）应在严格控制下合理利用文物建筑等。对文物古迹保护性利用的具体方式提出五点建议：①继续它原有的用途和功能。这是使用文物的第一种方式，也是最好的方式。②作为博物馆使用。这也是公认能够发挥最大效益的使用方式。③作为学校、图书馆或其他各种文化、行政机构的办公地。④作为参观旅游的对象。⑤对保护等级较低的古迹点，还可作旅馆、公园及城市小品等功能使用。

2. 文物点保护

文物点是指已登记尚未核定公布为文物保护单位的不可移动文物。福建省第三次文物普查中，古城内共有 8 处登记在册的不可移动文物（见表 6-3）。对文物点的保护措施如下：

（1）对保护点实施严格保护，加强对文物点的进一步鉴定工作。

（2）按照文物保护单位的保护原则进行保护，条件成熟时，将文物点按程序申报为文物保护单位。

（3）如需进行必要的修缮，应在专家指导下遵循"不改变原状"的原则，做到"修旧如故"，并严格按审批手续进行。

（4）文物点范围内不得随意拆除、改建或添建建筑物，不得任意扩建改造文物点。因建设工程特别需要，需对不可移动文物进行迁移或拆除的，应由建设单位提出申请，并经漳州市政府上报省政府审定。

表 6-3 古城内文物点

序号	名称	地址	年代	推荐功能
1	杨骚故居	西桥办事处香港路 2 巷 7 号	1950 年	名人故居，展示杨骚生平，文化展示交流
2	天益寿	台湾路 141 号	近代	漳州商业老字号店铺，展示、经营
3	半边石牌坊	延安办事处台湾路 177 号	明	文化、构筑展示
4	闽南革命烈士纪念碑	中山公园内	1956 年	红色文化展示，革命教育基地
5	龙柱亭	中山公园内	1923 年	展示民国时期城市建设历史
6	中山公园纪念亭	中山公园内	1927 年	革命精神展示
7	叶道渊故居	振成巷	1942 年	名人故居，侨乡文化，展示交流
8	汪春源故居	振成巷	1911 年	名人故居，文化展示交流

3. 历史建筑保护

历史建筑是指经市、县人民政府确认公布的具有一定保护价值，能够反映历史风貌和地方特色，未公布为文物保护单位，也未登记为不可移动文物的建筑物、构筑物。历史建筑的数量和规模、布局和形式，对构成漳州古城的整体风貌起着重要的作用。

（1）保护控制要求。

1）古城内的历史建筑不得拆除。在历史建筑的保护范围内，原则上不得进行可能对建筑原有立面和风貌构成影响的建设活动。在历史建筑的建设控制范围内，进行新建、扩建、改建工程的，必须在高度、体量、立面、材料、色彩等方面与历史建筑相协调，不得影响历史建筑的使用或者破坏历史建筑的空间环境。

2）加强历史建筑加固及修缮工作，历史建筑的保护、利用及管理要严格按照《历史文化名城名镇名村保护条例》、《城市紫线管理办法》和《漳州市历史文化的街区保护管理暂行规定》的相关条款进行。

3）市城乡规划行政主管部门在历史建筑、历史建筑的保护范围内、历史建筑的建设控制范围内进行新、扩、改建，修缮，装修，或迁移各种管线，勘探、挖掘等建设活动的申请核准时，应以专家组的论证意见为依据。

4）历史建筑经城市人民政府批复并向社会公布后，应当对列入保护名单的建筑在其明显部位设置固定标牌，接受社会和公众监督，并及时制定紫线保护规划。

5）历史建筑宜继续延续其使用功能。对于现状保护情况较差的，应进行必要的外部修缮，完善内部设施，改善使用条件；对于使用功能不能满足现代要求的，可进行使用功能调整或内部更新，以满足现代使用的需要。

（2）保护利用措施。古城内历史建筑众多，针对不同建筑类型及区位，应赋予多种使用功能。香港路、台湾路、始兴北路、芳华横路大部分沿街历史建筑应延续原有功能，主要作为街区商业店面。其余历史建筑只要符合其历史文化内涵，不破坏原有建筑特色和环境，同时符合相应的规划功能结构要求，可赋予文化展示、旅游休闲、社区服务等使用功能。如杨骚故居、闽南烈士纪念碑、龙亭柱、闽南革命烈士纪念碑、"小姐"楼、老别墅主要可增加展示功能。

4. 传统风貌建筑保护

传统风貌建筑是指具有一定建成历史，能够反映历史风貌和地方特色，未核定为文物保护单位、未登记为不可移动文物，也未公布为历史建筑的建筑物、构筑物。通过实地考察评估，将除历史建筑外，保存比较完好的具有传统风貌的建筑列为传统风貌建筑。

传统风貌建筑应保持和修缮外观风貌特征，保持传统风貌建筑内的人文气息。保持院落式的平面布局，在不改变外观风貌的前提下，根据实际要求采取维护、修缮、整治等措施并改善设施，对基础设施进行改造，提高居民生活质量，特别应保护具有历史文化价值的细部构件或装饰物，应加强保护传统建造工艺和建筑材料，保持红屋顶、红砖或条石的整体色调，以及木质门窗等细部装饰。

5. 其他历史要素保护

（1）古树名木保护。重点保护古城内古树名木 14 株，划定保护范围。

古树保护范围：成林地带为外缘树冠垂直投影以外 5 米围合范围，单株为同时满足外缘树冠垂直投影以外 5 米围合范围和距离树干基部外缘水平距离为胸径 20 倍以上。保护区外扩 10 米的区域为建设控制区。

在此范围内禁止进行有损古树名木生长的建设活动，不得堆放有损古树名木的物品。拆除古树名木周边的违章建筑，扩大绿化面积，调整土壤结构，改善生长环境。对古树名木和古井要挂文字说明牌，严禁砍伐迁移，建立管养责任制。

（2）东宋河保护。以往在水系保护中，只重视防洪排涝等工程问题，河道整治内容单一，对水文化重视不够，使得"千河一面"，河道特色难以体现。道路和建筑紧邻水岸建设，居住建筑占岸线长，没有形成连续的滨河慢行交通系统，滨水开敞性和可达性低，资源共享性不足。东宋河作为古城内少有的带状水系，应重视"水文化"的挖掘，通过宋河水系整治、沿线功能调整，提升滨水活力，延续沿河繁荣景象。

6. 非物质文化遗产

漳州古城在保护有形的、实体性历史文化遗产的同时，也要注重非物质文化遗产的保护，继承和发扬优秀文化传统，使有形的遗产和著名人物的优秀思想品质和道德情操、传统艺术、民族风情的精华、著名的传统产品相互依存，相互烘托。重点保护古城内现有的 7 项国家级非物质文化遗产项目和 10 项省级非物质文化遗产项目（见表 6-4）。通过对古城内人文历史文化遗产传承现状及载体环境的调查、分析，以及特色性、重要性的评价，确定以下重要人文历史文化保护：

表6-4　漳州古城内非物质文化遗产

人文历史文化分类	编号	名称	级别	现存状况评估	重要性、特色性评估
民间文学	1	灯谜	省级	较完整	重要
传统音乐	1	漳州哪吒鼓乐	省级	较完整	一般
传统舞蹈	1	漳台大鼓凉伞舞	省级	较完整	一般
传统戏剧	1	木偶戏	国家级	较完整	很重要
	2	歌仔戏	国家级	较完整	很重要
	3	漳州芗剧			
传统医药	1	片仔癀	国家级	较完整	很重要
传统美术	1	漳州木偶头雕刻	国家级	较完整	很重要
	2	漳州木版年画	国家级	较完整	很重要
传统曲艺	1	锦歌	国家级	较完整	很重要
	2	漳州南词	省级	濒危	很重要
传统体育与杂技	1	漳州太祖拳青龙阵	省级	较完整	一般
	2	踩高跷	—	濒危	一般
传统技艺	1	印泥制作技艺（漳州八宝印泥）	国家级	较完整	很重要
	2	漳州水仙花雕刻技艺	省级	较完整	重要
	3	漳窑（米黄色瓷）传统制作技艺	省级	较完整	很重要
	4	漳绣技艺	省级	较完整	很重要
	5	仙草制作技艺	省级	较完整	重要
	6	民族乐器制作技艺（蔡福美传统制鼓技艺）	省级	较完整	重要
传统记忆	1	传统街名（南市路、府前街、青年路、府埕、修文路、龙眼营、万道边）	—	较完整	重要
	2	传统桥名（太古桥、东清桥）	—	消失	重要
	3	传统地名	—	消失	重要
传统商业	1	商铺老字号（天益寿、大同文具店、万圆钱庄）	—	较完整	重要
	2	地方美食（手抓面、干拌面、牛肉面、豆花粉丝、锅边糊、五香、粿条、卤面、三角饼）	—	较完整	重要
	3	传统商业门类（雨伞店、药店、茶庄、鼓店、书店、鞋行、文具店）	—	较完整	一般
地方民俗	1	祭拜天公等	—	较完整	重要
	2	冬天泡"汤"	—	较完整	很重要

（1）传统产品和传统手工技艺的保护与传承。重点保护与传承漳州八宝印泥、漳州徐竹初传统木偶雕刻艺术、漳州木偶头雕刻、漳州木版年画等传统手工技能。应对传统制造工艺进行挖掘整理；加强工艺的科学记录和新工匠的培训；对漳窑、漳绣等具有传统技能的手工艺者等予以政策、资金上的支持；引导传统工艺与市场经营行为的结合，增强传统工艺的生命力；要完善知识产权立法，加强传统工艺秘诀的保护，维护传承人的权益。

（2）戏曲事业和书画艺术的保护与传承。重点保护木偶戏、歌仔戏、漳州芗剧、漳州布袋木偶戏、锦歌、漳州南词等台湾路、香港路历史文化街区极具代表意义的戏曲艺术，培养传统表演人才，定期组织重大传统节庆，注意传统演出场所的建造和维护；繁荣木版年画、漳州木偶头雕刻等书画艺术创作，丰富历史街区的文化内涵。

（3）传统记忆的保护与传承。建立完善的相关法规和规范，对传统街道、传统桥名、历史地域的传统名称不得随意修改。保留传统的文化记忆：台湾路（府前路）、香港路（南市街）、青年路、修文路、龙眼营、漳南道巷、徐厝巷、石罗巷、始兴南小巷、华南小巷、上坂巷、厝巷、梧桐巷、澎湖路、洋老巷、振成巷、万道边、东桥（名第桥）、太古桥、中山公园、府埕等。

（4）传统商业的保护与传承。对台湾路、香港路历史文化街区原有商业老字号进行保护和传承，如天益寿、大同文具店、万圆钱庄等。逐步恢复传统商业文化街区，以历史街区构筑地方传统手工艺展示的平台，系统整理制茶、制扇、制药等传统手工艺，恢复若干作坊。整理地方特产，对手抓面、干拌面、牛肉面、豆花粉丝、锅边糊、五香、卤面、三角饼等传统小吃进行综合包装和深加工，系统推广为特色旅游产品，恢复名店老号店名、店招，选择性恢复原业态。

（5）民风习俗的保护与传承。保护和延续良好的民风习俗。以维系、保护闽南文化，丰富人民现代生活为目标，以延续传统生活状态为基础，以弘扬优秀历史文化传统为手段，保持和继承传统社会健康、美好、富有情趣的冬天泡"汤"等地方风俗和民俗风物，保持闽南传统生活的延续和发展。

四、优化布局，改善古城环境

（一）优化功能结构

漳州古城各区块禀赋发展条件不同，应对不同街巷组团进行差异化定位，并对应不同的打造实现方式。将街区划分为六大功能分区：

（1）核心旅游展示区。台湾路、香港路、文庙片区是古城的核心观光区域，应按亮点工程打造，提升节点功能。台湾路、香港路的传统商业街以及文庙府学组成的核心观光区域，展示了漳州名城的历史文化，以及特色建筑、传统工艺品、民俗风情，应扶持漳州老字号店铺，并结合街区传统业态更新，提升商业品质，增添文化品位。

（2）温泉休闲区、依托东宋河沿岸丰富的温泉资源，结合北京路、温泉城的改造开发，打造精致宜人的温泉城、温泉民宿等，吸引当地群众和外地游客休闲度假，扩展提升原有的温泉休闲产业。

（3）民俗文化区。修文路及两侧街巷组团是未来古城生活方式的街区型博物馆，以公共基础环境营造、重点示范打造和社区营造等方式，复兴民俗文化，活化生活方式。

（4）公园景观区。中山公园作为古城重要的休闲娱乐场所、周边空间功能梳理后回归市民，使本地市民生活优化。

（5）传统生活区。龙眼营、芳华里、延安路的传统居民社区，通过社区营造理念，实施政策激励及社区活动设计，激励街区保存可持续性、活态的发展。改善街区居住条件，延续街区传统生活方式及风俗习惯，保持街区浓厚的生活氛围及人文气息。

（6）教育片区。漳州五中、龙溪师范学校附属小学组成的学校片区。

（二）调整街道业态

以古城内各街道现有业态为基础，尊重街巷原有风貌特色，挖掘街区内涵，力求赋予各街区特色产业，做到"一街一品"，丰富古城文化内涵。表6-5为古城各街道现状业态及更新建议。

表6-5 古城各街道现状业态及更新建议

街道名称	现状业态	业态更新建议
台湾路	功能单一，低端的居民服务业占绝大多数，以服装销售为主，少量餐饮与特色店铺，部分店铺保留特色牌匾，但实际功能已经改变	重点扶持原有特色产业（天益寿药店、万圆钱庄等）作为旧种子，运用好传统建筑的特色招牌，进行改造升级，植入传统工艺品购物、传统小吃、博物展览等产业作为新种子，进行业态更新
始兴北路	商业范围浓厚，现有徐竹初木雕展示馆，是街区居民重要的休闲场所	在现有徐竹初展示馆基础上，构筑地方传统手工艺展示平台；通过系统整理制茶、制药、制扇等工艺，恢复若干作坊，引导传统工艺与市场经营行为相结合

街道名称	现状业态	业态更新建议
太古路	档次较低，以服饰、杂货、五金店、通信服务等居民服务为主；饮食主要以民居店面形式的小吃店为主，整条街文化元素较少	以侨乡剧场带动街区的文化氛围，结合侨乡剧场底层设置传统漳绣店、高山族服饰店、木偶雕刻店，丰富业态，并将周边店铺改为传统店铺；保留现有传统店铺；将太古桥路口店面植入传统元素，改造木板年画店面，营造太古桥路文化氛围
修文西路	以居民服务（杂货店）为主，少量特色传统手工业竹器品、嫁妆铺、传统小吃	利用原有传统竹器品，改造成传统竹器制作展示馆、竹器伴手礼；结合泮池考古复原，周边休闲广场对原有传统小吃进行提升完善
延安南路	业态单一，商业不发达，北段以服饰商店为主，南段民居占用大部分沿街店面，部分店面销售自行车	结合现有几家锡制品传统工业，植入锡制工艺品业态，带动传统产业和创意工艺品的商业销售
香港路	现有较多婚庆用品店以及瓷器木雕店，还有大量杂货店	保护传统店面的特色店招，形成婚庆产品一条街，重点打造创意婚庆用品，置入两间观赏性民居，展示漳州婚俗习惯，让游客更好地体验漳州民俗文化
修文东路	商业不发达，产业低端，以民居和杂货店为主，缺少文化特色	修文东路作为东面主要入口，植入传统店铺和特色餐饮业态，带动传统产业和创意工艺品产业，满足学校和周边居民餐饮需求

（三）调整用地功能

对现状土地使用做合理调整，使之更好地保护古城的环境和风貌，改善居民生活和发展旅游，疏解古城内交通，激活古城商业氛围。

（1）居住用地。街区仍然以居住用地为主导，对现有居住用地进行整合，减少居住用地比例，并适当采用居住兼容文化设施及民宿等性质，激发古城活力。完善配套设施，改善环境，提高居住条件。

（2）商业服务业设施用地。延续台湾路、香港路等主要传统商业街的商业用地性质，结合北京路温泉休闲带打造，增加北京路沿街商业，调整原五中用地为温泉城商业用地。

（3）教育科研用地。目前上下学高峰期西桥小学的学生流对街区道路造成拥堵，且现有教学、办公楼建筑质量较差，存在安全隐患，应搬迁现有西桥小学，将学生安置于龙溪师范附属小学及芗城实验小学。结合古城开发，五中搬迁至原有漳州电大用地，扩大用地规模，形成中小学教育片区。

（4）文化设施用地。原有西桥小学用地恢复为府学用地，并且拆除文庙对面沿街建筑，恢复文庙泮池，延续文脉，开发旅游功能。对府衙旧址建筑进行改造利用，改为文化设施用地，展示漳州历史文化。此外，增加侨芗剧场、木偶戏团等文化展示用地。

（5）绿地与广场用地。分为线型公园和块状公园。线型公园主要是打造宋河滨水绿带，作为展示宋河历史的休闲空间。块状公园中，除中山公园外，应通过改造西桥小学复原府学，打造文庙核心景观区，作为古城内较大的公共开敞空间。古城入口设置四处广场用地。古城内部结合街区改造，增加部分街头绿地及开敞空间。

（四）改善道路交通

完善古城周边道路网建设。对周边路网进行梳理，通过优化道路断面、打通断头路、疏通交通瓶颈等措施，提高路网容量，引导外围交通穿越街区，以缓解古城周边道路交通压力。

（1）古城出入口。古城出入口是内外交通转换和交通流组织的关键节点，在古城四周共设置四个出入口。在古城的出入口设置地下车库，把机动车流截停在古城的外围，禁止机动车在古城内部通行，以实现古城内部舒适的慢行环境。

（2）内部居民交通。为营造良好的游览观光环境，禁止街区内部居民使用任何车辆进出人行区域。居民将车辆（机动车）停放于古城各出入口设置的停车场地，可免费乘坐电动车进出；允许古城内部居民进入内部，但需将非机动车停放于规定的非机动车停车场地，禁止随意停放。

（3）旅游交通。在东、西、北入口设置旅游大巴停车位，北入口处于商业核心区，是重要的交通聚集地，所以北入口作为步行游客主入口；西入口紧邻钟法路，交通便利，将西入口作为车行游客的主要出入口。通过古城内部的观光电动车，串联街区各个景点游览街区。

（4）货运交通。为满足古城内部商业货运需求，同时保证古城内部慢行的宁静化，针对货运交通需求提出以下两种管理模式：鼓励货车在古城出入口的集散点完成装卸货；建议在7：00~22：00禁止货运车辆进入古城内部，且其他时间仅允许小型货车进入。因部分道路通行条件有限，且出于对其保护的目的，某些道路如延安南路（台湾路—太古桥）、香港路、台湾路、芳华横路明令禁止货运车辆通行。

（5）交通管制。将青年路、新华西路、芳华北路、瑞京路、延安南路、太古桥、炮仔街、新华南路、北京路和博爱道围合的街区划定为绿色交通区，区内禁止机动车通行，以步行、自行车、游览电动车等慢行交通为主，配套多处非机动车停车场。

（五）完善公共服务设施

逐步改善古城内居民生活的居住环境，有效地保护古城传统整体风貌，结合原有的公共设施，考虑古城居住者和旅游者的需求，增设部分公共服务设施，主要包括游客接待中心、府学、街区博物馆、警务室、文化活动室、图书阅览室。

（1）商业布局。沿台湾路、香港路、北京路、修义西路两侧布局。延续台湾路、香港路传统商业范围，发掘各街巷特色产业商品，形成特色商业街区。

（2）游客接待中心。在古城的东、南、西、北四个入口处配套旅游信息服务点，方便游客咨询。

（3）教育设施。恢复府学文化设施，占用现有的西桥小学，通过统一协调，在古城的东侧结合漳州第五中学进行改造，另预留一处小学用地。

（4）警务室。在古城东、南、西、北四个主要入口及文庙片区配置警务室。

（5）文化活动。在古城内设置若干处居民文化活动室及图书阅览室。

（6）公厕。结合更新改造及沿街商业配套若干处公厕，主要解决区内旅游需求。

（六）提升绿化景观

打造"一带、两心、四点、多街"的景观结构。

（1）一带：指宋河及结合两侧用地开发形成的宋河滨水休闲景观带。

（2）两心：指中山公园的绿色核心，文庙及复建的府学泮池形成的文化核心。

（3）四点：指东、西、南、北方向四个古城主入口节点，这些入口广场是街区边界的界定，强化了古城入口形象。

（4）多街：指唐宋子城内部台湾路、香港路、修文路、延安南路等传统街巷。

（5）在以上大的景观系格局外，沿博爱道设置南环绿带，作为古城墙遗址绿地，展示唐宋子城独特的"三面城河、一面城墙"的城墙型制。针对居民邻里空间缺乏问题，疏减各片区内建筑密度，结合古城整治，利用拆除建筑整治后的空地，适当增加古城内部开敞空间和街头绿地，改善古迹与整个古城空间环境。

（七）消除消防安全隐患

应全面贯彻"外联内分，全面覆盖，预防为主，各个落实"的十六字方针，采用现代和传统多种方式结合的预防手段，切实遵守国家《古建筑消防管理规范》开展工作。针对古建筑的特殊情况和要求，制定科学合理的消防措施，不应机械套用一般消防规范中的常规做法，应把握好其消防规划的特殊性。

（1）控制火源。改造古城电气线路。要求居民安全使用民用燃气、教育儿童杜绝玩火、控制燃放烟花爆竹和使用香烛、摒弃不良的吸烟习惯等，均是控制火源的良好手段。发挥社区居委会的作用，发动居民加强古城内的防火巡查，做到及时发现火灾、及时报警、及时处置。

（2）加强消防宣传教育。增强古城居民的防火意识，在实践中认识种种不良习惯带来的火灾危害，养成自觉防火的习惯，掌握扑救初期火灾的方法及基本的逃生技能。

（3）组建志愿、义务消防队伍。在消防部门指导下，由街道社区建立历史街区志愿消防队，就近灭火，配合消防部队实施灭火救援。

（4）做好古建筑维修。应在建筑内部采用防火材料，或对构架进行防火处理；重要古建筑应安装火灾自动报警系统，加强火灾初始期监控；室内线路包绝缘套管；新建建筑应满足民用建筑消防规范。

（5）重点保护区内禁止堆放可燃、易燃物品。严禁贮存易燃易爆的化学危险物品。禁止搭建临时易燃建筑，已搭建的，必须坚决拆除。凡有影响消防通道和防火间距的建筑物，必须加以拆除，保持消防通道的畅通。消防车道与建筑间不应设置妨碍消防车操作的树木、架空管线等障碍物。

五、挖掘文化，健全展示功能

（一）展示内容

（1）民国时期传统商业街巷空间，具有海丝文化代表的骑楼建筑群落。

（2）闽南建筑精品的布局、结构、装饰、装修、私家园林等建筑与小园林艺术特色。

（3）丰富多样的文化特征与内涵，包括闽越文化、中原文化、海丝文化、耕读文化、宗教文化、侨乡文化等。

（4）街区内居民的特定生活方式与民风民俗，包括民俗文化、饮食文化、茶文化、民间工艺文化等。

（二）主要展示区

结合各个展示点的展示内容以及其集聚度，形成五个特色展示区。其中：

（1）文庙府学展示区：侧重漳州闽越文化、中原文化、耕读文化的展示，主要展示点为牌坊、文庙、府学、古城博物馆。

（2）台湾路、香港路展示区：侧重于明清传统建筑艺术、海丝文化、商贸文化的展示，主要展示点有香港路骑楼建筑、明代牌坊、伽蓝庙、王升祠、台湾路、传统商业老字号天益寿药店等。

（3）始兴北路、芳华横路展示区：侧重于闽南传统院落民居、传统手工技艺的展示，主要展示点为徐氏家庙、始兴北路、徐竹初木雕展示馆等。

（4）龙眼营展示区：侧重于展示民风民俗，主要展示点为杨骚故居、通元庙、巷道内传统民居。

（5）北京路温泉文化展示区：侧重展示温泉文化民俗，主要展示点为温泉城、北京路休闲一条街。

（三）展示线路

对古城进行展示的内部游线组织，主要依据游客滞留时间以及古城展示主题分为精华游线及深度游线。

（1）半日精华游从游客的两个主入口出发进行组织。

1）延安南路北入口→延安南路→文庙、府学→修文西路→香港路→明代牌坊→台湾路→始兴北路、芳华横路片区→中山公园→府衙旧址→闽南工农革命委员会旧址→延安南路北入口。

2）钟法路西入口→省政府旧址→比干庙→青年路→台湾路→香港路→明代牌坊→修文西路→文庙、府学→延安路→台湾路→芳华横片区→中山公园→始兴北路→天益寿→青年路→振成巷→西入口。

（2）古城深度游线沿着古城内部电瓶车线路进行组织，由主要景点串联周边次要景点，从吃、住、娱、购各方面全面展示街区丰富的文化内涵。

（四）展示系统规划

（1）探索非物质文化遗产的活态展示模式，完善具有传统特色的旅游服务体系。将传统商业文化和服务融入展示体系，实现闽南风建筑文化和新生活形态的有机整合，使之更加生动、丰富和具有层次性。同时，适应现代生活发展的需要，积极依托传统历史遗存，探索融入现代生活元素，适度发展时尚休闲和精品服务。

（2）展示具有民国风情的游憩商业文化魅力。结合历史文脉特点和城市发展，整合台湾路、香港路、修文西路、始兴路、龙眼营等一带传统商业街区和以天益寿等为代表的老字号，重点发展文化、旅游、休闲、餐饮、购物等功能。通过对传统业态的提升和完善，创新传统品牌，提升商业品质和文化品位。一方面提升人气、商气、财气、文气，促进传统商业街区进一步发展和繁荣，重现漳州传统商业文化魅力；另一方面有效串联汇集周边丰富的历史文化资源及相对成熟的商业圈，充分展示漳州名城历史文化内涵。

（3）依托老街，传承传统工艺和商业老字号。依托台湾路、香港路布置相对集中的传统店铺、作坊，发展传统美食、传统工艺制作销售等传统工艺文化体验，形成特色文化街，保护老字号，促进传统商业文化的发展。

（4）依托老建筑，提升传统服务业。一是依托历史文化资源，发展文化服务业，如依托文庙形成文化特色街，依托天益寿形成传统医药老字号特色街等；二是利用延安路骑楼等传统建筑，发展茶艺苑、酒吧等服务性产业；三是依托龙眼营等历史地段，利用传统民居、会馆，发展家庭式客栈、青年旅社等。

（5）依托历史街区和公共空间，传承展示民俗文化。依托古城内的传统公共活动场所，如会馆、祠堂、近代剧院等，一是开展传统戏剧歌舞表演、故事传说讲演等文化项目，满足游客由"静"到"动"的多样化心理需求，提高旅游吸引力；二是广泛开展民俗探访、民俗活动、历史事件体验等参与式活动，定期开展有意义的节日庆典等，让游客亲身体验历史文化氛围，激发公共领域中的活力，提升地方文化的影响力。

（五）展示设施规划

表6-6为漳州古城展示设施规划汇总。

表6-6　漳州古城展示设施规划汇总

编号	展示设施	展示主题	建筑面积（平方米）	位置	备注
1	文庙	耕读文化	1550	文庙	保留现有展示内容
2	西桥小学	府学文化	1640	西桥中心小学	原址重建，功能更新
3	万圆钱庄	海商文化	176	台湾路94号	保留现有展示内容
4	天益寿药店	医药文化	384	台湾141号	保留现有展示内容
5	王升祠	名人故居	174	石牌坊东侧	保留现有展示内容
6	东桥亭	宗教文化	244	东桥亭	保留现有展示内容
7	伽蓝庙	地方宗教	3	石牌坊东侧	保留现有展示内容
8	闽南文献馆	综合文化	101	青年路138号	保留现有展示内容
9	灯谜博物馆	灯谜题材	214	漳南道巷7号	保留现有展示内容

编号	展示设施	展示主题	建筑面积（平方米）	位置	备注
10	杨骚故居	名人故居	90	香港路三巷尽端	保留现有展示内容
11	民有银行	海商文化	771	延安南路177号	环境整治，功能更新
12	通元庙	宗教文化	129	龙眼营南端	保留现有展示内容
13	闽南工农革命委员会旧址	红色文化	846	中山公园	保留现有展示内容
14	漳州府衙旧址	城市历史	1288	中山公园	保留现有展示内容
15	中山公园纪念亭	城市历史	200	中山公园	保留现有展示内容
16	闽南革命烈士纪念碑	红色文化	200	中山公园	保留现有展示内容
17	木偶剧场	戏曲演绎	480	澎湖路6号	环境整治，功能更新
18	侨乡剧场	戏曲演绎	400	炮仔街	环境整治，功能更新
19	简大狮避难处	简氏侨馆	615	基督教堂西侧	环境整治，功能更新
20	临时省委旧址	红色文化	272	钟法路清洁楼东侧	保留现有展示内容
21	东坂后番仔楼	私家园林	1035	青年路132号	环境整治
22	汪春源故居	名人故居	214	振成巷北侧巷内	环境整治
23	徐氏家庙	祭祀祖先和先贤的场所	700	徐厝巷7号	环境整治
24	永定会馆	商业文化	715	龙眼营49号	环境整治，功能更新
25	比干庙	祭祀祖先和先贤的场所	224	比干庙	环境整治
26	东桥亭大榕下	讲古	0	东桥亭大榕下	环境整治，功能恢复
27	东坂后礼拜堂	海外宗教文化	996	基督教堂	保留现有展示内容
28	天主教	海外宗教文化	3000	天主教堂	保留现有展示内容
29	黄氏大厝	名人故居	681	振成巷北侧	环境整治
30	叶道渊故居	名人故居	450	振成巷南侧	保留现有展示内容
31	半月楼	耕读文化	47	零伍大厦内	保留现有展示内容
32	漳州进修学校	乡土博物馆	355	共和路	环境整治，功能更新
33	向阳剧场	戏曲、舞蹈演绎	2225	修文东路	环境整治，功能更新
34	严天厚医馆	中医文化	180	北京路236号	保留现有展示内容

（六）辅助展示及标识系统

辅助展示及标识系统是指有助于系统展示古城内涵的其他历史文化资源。一是其他文物保护单位、历史建筑、近现代优秀建筑；二是其他古树；三是其他已经消失的重要历史信息发生地；四是非物质文化遗产的活动空间；五是在城市重要节点地区建设的与历史信息相关的城市公共开放空间。

要建立规范性的街区标识系统，提高名城历史文化资源整体的可读性。城市文化遗产标识系统具体包括：城市格局标识、城市街巷标识、重要历史建筑标识、重要历史场所标识、名人故居标识、名品名店标识、古树名木标识及无形文化遗产标识，主要是采取碑牌、绘制历史简图等形式，注明名称、类型、历史、人物等历史文化信息，树立在合适位置。也可以在特定的空间，将与历史环境有关的历史事件、历史人物、传统生活场景采用雕塑、绘画等艺术形式象征性地表现出来，以生动形象地延续历史，同时提升城市的环境品质和艺术氛围。

六、保持风貌，延续传统格局

（一）保护整治原则

（1）保护历史的真实性。历史信息的真实性是历史建筑的价值所在，应最大限度地保存建筑原有部分，即保护建筑外观的方面、屋顶平面等。

（2）保持风貌的完整性。严格控制添加和拆除的做法，尤其是沿街建筑的拆除、街巷的拓宽将破坏原有街道的尺度；原有古树名木和街巷结构也是历史风貌的组成部分，但对于改建、扩建、搭建和加层等破坏原有风貌的违法建筑则应坚决拆除。

（3）维护生活的延续性。在不影响历史风貌的条件下，加强古城更新力度。可对建筑内部进行现代化改造，甚至改变部分建筑的使用功能，鼓励居民自愿异地搬迁，降低古城的人口密度。但反对将原居民全部外迁，改变古城原有的生产生活模式，成为城市发展的局部异化。

（二）风貌保护与整治要求

（1）严格保护街巷的传统立面、建筑风貌和屋顶、街巷肌理等历史文化风貌特征。对于沿街风貌不协调建筑，通过建筑高度、建筑形式、建筑外观风貌元素（主要包括门窗、屋面、外墙、雕花、外表材质、色彩等）整治，达到与古城风貌相协调。特别是台湾路、香港路、延安路等沿街建筑整治应遵循整条街区传统风貌，提取周边历史建筑元素加以改造，保护街巷空间的连续性、节奏韵律，成为街区整体传统风貌的重要展示界面。

（2）屋顶：屋顶平面是建筑的第五立面，区内现状屋顶多为坡屋顶，材料为橘红瓦，只有少量琉璃瓦（如文庙）等。建议所有建筑（除文庙外）均改为坡屋顶，屋顶材料选用传统地方红瓦，以统一整个街区的屋顶形式。

（3）材质：主要体现为红砖、石材、木材相搭配，在凸显漳州地方风格的同时，注入新的活力，细部融入闽南元素的万字纹、雕花以及拼砖线脚等手法。

（4）细部装饰：古城的建筑立面细部装饰主要是指附属于门窗、墙体和屋顶的栏杆、瓦当、柱础、山花等，其整治主要遵循延续原有历史风貌和保持街区风貌特色的原则，凸显街区中西合璧的建筑风格，按照门窗、墙体和屋顶的整治分类措施来进行。

（5）道路设施：路灯、指示牌、招牌、垃圾桶等街道设施应加以妥善的隐蔽设计，不宜采用现代城市做法。整体造型上沿用本地建筑特点，尽量提取古城特有的建筑元素，运用于街道造景，风格应与环境相协调。

（6）市政设施：占用街道空间的电线杆、各种电线变压器、电话转换器等有碍观瞻之物应将线路入地或移位。清除街道上所有的违法搭建棚舍。

（7）道路地面：更换地面铺装材料，使其既与整体的传统街道环境相协调，又与不同的局部环境相协调，创造出既统一又丰富的街道空间环境。

（三）具体整治导则

将建筑分解成屋顶、墙体、门窗和细部装饰等要素，进行现状评价和整治措施细分。

1. 门、窗

表 6-7　门窗现状及整治措施

现　　状	整治措施
质量较好且符合风貌要求的	完全保存
框架较好，表面破旧，色彩脱落严重	保留框架，修缮破旧部分，补刷油漆
框架尚好，但结构松动，局部被破坏，尚且能用	保留框架，重修
破损严重，几乎不能利用，或开启位置形式严重破坏风貌	按历史原貌和风貌要求重新设计
大部分或整体不符合风貌要求，其中包括色彩、材料（铝合金、大玻璃）形式等	按风貌要求局部改造或全面更新设计，窗户改为传统石窗或传统木窗，若木板实窗可采用油标砖外框

2. 墙体

表 6-8　墙体现状及整治措施

现　　状	整治措施
墙体完好，保持有传统的特色	完全保存
墙体较好，墙面粉刷脱落较多	表面修整
墙体部分破损，墙面脱落剥蚀严重，或多处被改动，但基本风貌还在	刮掉原有墙面全面整修
墙体倾斜，部分被拆除，破坏严重	拆除，按风貌要求重新设计
墙体已经被任意修改，完全不符合风貌要求，或严重影响风貌	保留建筑结构框架，墙体重新设计，传统白色水泥砂浆抹面，勒脚可采用石板贴面

3. 屋顶

表 6-9　屋顶现状及整治措施

现　　状	整治措施
现状完好，符合风貌要求	完全保存
现状尚好，少量瓦片松散，檐口、屋脊有少许破损	修缮
大部分瓦片松散，有相当部分已经被破坏，檐口、屋脊部分破损，屋面渗漏	利用原有屋架，翻造传统屋面
屋顶已经被严重破坏，或被其他简易材料所替代	重新设计
影响风貌的屋顶（平顶或其他屋面材料的坡顶）	保留原形式，拆掉屋顶，换以黛瓦屋面，对平顶可增加檐口坡顶，按风貌要求局部改造

4. 户外广告、招牌、空调外挂机

制定户外广告、招牌的控制导则；户外广告、招牌不宜使用与古城风貌不相协调的铝合金、不锈钢、塑钢等现代材料，而应运用古城建筑元素，设计能体现古城风貌特色的街道设施；各类建筑外立面安装空调外挂机、遮阳篷等户外设施时，应当符合统一的设计方案，尽量避免裸露在街巷等重要街面上。

第四节　示范片更新发展路径

古城保护更新是一项长期而艰巨的工作，不能毕其功于一役，更不能对古城采取大规模推倒重建的做法。必须遵循分期建设、示范先行的原则，按照小规模、分阶段、渐进式的改造更新方式，以点线面发展模式，通过播撒遍布于古城中"种子"的萌发，带动整体的更新发展，确保古城历史脉络延续与发展。根据漳州古城实际，示范片具体包括：古城北、南、东、西四个入口的打造（停车场、游客中心、广场）；重要片区整治（文庙府学片区、修文路、北京路）；示范街业态更新（修文路、北京路、延安南路）。示范片的更新发展思路如下：

一、示范点启动（北、南、东、西四个入口）

古城四个方向主入口作为古城范围的界定，担负着古城与新城之间历史对话的作用。入口节点应依托周边文物资源，结合各入口景观特点，塑造具有漳州古城特色的入口空间。根据入口历史资源，赋予各有侧重的主题内涵，彰显古城丰富的历史文化底蕴。入口处要设置一定规模的集散广场；建设供旅游大巴、机动车、观光电动车、非机动车停靠的停车场地；充分利用广场铺装、灯柱、景墙、绿化等合理划分集散、休憩、停车等空间；在入口两侧结合绿化景观带设置宜人的环境和休憩空间；通过地面铺砖样式的变化、地灯的设置、绿化的隔离等设施强化入口导向功能，形成连续的空间界面。应设置具有古城特色的标志性建筑物、构筑物进行空间界定，色调以红色为主，具有明显的街区识别功能，有效吸引人流，植入古城美丽、古朴、庄重的第一印象。对周边风貌不协调建筑加以改造修饰或进行绿化遮盖，形成古城入口统一协调的景观。入口建筑物、构筑物材质运用上主要体现为红砖、石材、木材相搭配，在凸显漳州地方风格的同时，注入新的活力。

（一）北入口

建议设置于中山公园东门，中闽百汇南侧。所在的延安南路从古至今都是漳州的商业命脉和主干道，由于延安南路北段西侧建筑已毁，成为单面街，现状风貌既丧失了古城特色，又不能形成旧城和新城间的有效过渡，反而成为古城颓败的象征。因此，对该区域的整治要能够显示政府保护古城、有机更新的决心和魄力，具有明确的标志性，再现昔日漳州古城的美丽、古朴和庄重。古城北入口规划如图 6–10 所示。

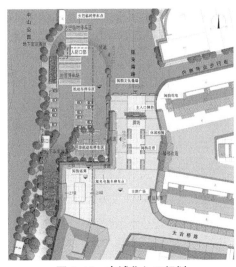

图 6–10 古城北入口规划

（1）交通关系调整。延安南路北段设置为步行街（限时行车），过境车流至新华西路分流，新华西路以南部分缩减道路宽度，西侧利用缩减的道路场地和部分绿化场地设置大巴停车场及小型车辆停车场，同时通过对人防地下室的改造，将人防地下室作为小型车辆停车场，解决进入古城人员的停车问题。

（2）广场空间调整。改造现有场地，形成入口广场。广场西侧设置闽南风格的连廊与停车场分隔，东侧则将现有新建住宅楼裙房改造为接近闽南传统式样的骑楼，在小区步行入口设置连廊和绿化，削弱大体量现代建筑对街区的影响，协调景观。广场内设置景观墙等标志物，使之成为漳州古城北入口。改造南侧设置转角建筑，与芳华横路和中山公园衔接，同时延续三岔路口的街道界面。

（3）街道功能恢复。对延安南东侧建筑进行整治修缮，西侧则恢复原有双面街，修复已破坏的城市肌理和街道空间。街道西侧修复部分的建筑以单进的沿街建筑为主，南北两侧设置两组面积较大、深度较深的建筑，北侧作为游客服务中心，游客服务中心内设游客接待和休息厅、小商店、公共卫生间等。南侧建筑面积较大，可作为旅游配套商店。其他沿街部分采用木结构，建筑两进，可作为单间的小型特色商铺，也可以几间成组，作为规模中等的特色商铺。

（4）标志性与风貌协调。新建建筑应延续漳州本地民国时期的基本建筑风貌，同时，在建筑风格、色彩和体量上不与现有建筑争锋，以协调于现有建筑。西侧沿街建筑参考东侧现存部分设计，设置骑楼，增加人行空间。在入口广场设置一处民国西洋风格的铁艺牌坊，牌坊提取漳州古城内铁艺窗花等元素，同时结合民国街区牌坊的样式设计，上书路名。牌坊以民国、南洋、闽南风格为基调，概括地表达古城的时代风格和地域特征，作为标志性的景观构筑物与游客中心相对。

（二）南入口

漳州古城的南门（时阜门）遗址，位于漳州府城轴线的香港路南端头，是古城与九龙江相互呼应的一个节点。漳州旧八景中，时阜门是欣赏"南山秋色、丹溪晓日、西浦夕阳"①的最佳观景点。另外，南城门及东、西水闸是整个古城水运发展的根源。古城南入口规划如图6-11所示。

---

① 清光绪版《漳州府志》。

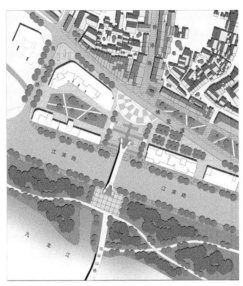

图 6-11 古城南入口规划

为强化香港路轴线，建议在博爱道与香港路交叉口上复建南入口，作为香港路轴线的南端节点。南入口尺度应与香港路宽度及沿街建筑尺度相协调，既突出其重要地位，又不过于夸张。由于博爱道南侧沿江高楼林立，空间较为局促，不适宜修建大体量城门建筑，所以该入口可结合古城改造及南环城绿带打造，适当拓宽广场空间，打造城门、城墙遗址绿地公园，与博爱道南侧居住区预留绿地串联，延续府城轴线空间。

目前沿北江滨路建设的上江名都高层住宅楼正对时阜门，预留了入口广场，能较好地对接古城，但是防洪堤的建设却阻断了古城与九龙江的联系。建议建设绿化小广场与上江名都广场对接，在绿化广场内立碑展示时阜门历史，并由上江名都入口广场架设人行天桥，穿越防洪堤及江滨路至江滨公园旧中山桥遗址，加强古城与九龙江观景游线的联系。人行天桥应轻巧古朴，与古城风貌协调。

（三）东入口

建议设置于修文东路与新华南路交叉口。修文东路作为漳州古城区东侧的重要道路，长期因为路窄、占道经营多、车流人流多而经常拥堵。龙溪师范附属小学和漳州五中就在修文东路的两侧，5000 多名学生和教职工要从这条路进出。每到上下学、上下班高峰期，该路段就堵成一团，学生、市民、三轮车、小汽车在此进退不得。古城东入口规划如图 6-12 所示。

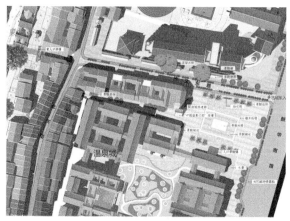

图 6-12　古城东入口规划

要彻底地改变现有情况，解决古城东入口目前脏乱差的问题，应加大对修文东路两侧破烂建筑的征迁力度，同时开展道路改造及两侧建筑立面修缮整治。在修文路北侧修建闽南风格连廊，南侧修建游客服务中心、骑楼商业街，并设置新华南路过街天桥、港湾式大巴停靠站、地下停车场、自行车租赁点、迷你巴士停靠站等旅游服务设施。改变停车难、交通混杂、风貌凌乱等现状。

另外，漳州拥有丰富的地热资源，长期以来，泡温泉都是备受市民青睐的休闲养生方式。漳州古城一带（特别是东入口片区）分布着温度高、水量大的地热田，埋藏浅，水质好，还藏有全国第二大间歇性温泉大喷泉，温度高达 121℃，仅次于西藏羊八井温泉大喷泉。建议对龙师附小北侧的福建广播电视大学漳州分校进行迁移，原址作为新漳州五中校区，打造完整的教育片区。对漳州五中原址与工人疗养院进行整合改扩建，结合丰富的温泉地热资源，打造温泉宾馆，塑造漳州温泉古城品牌形象。古城温泉宾馆建筑风格应延续闽南建筑特点，采用院落式布局。

（四）西入口

古城西入口建议设置于钟法路与振成巷交汇处，华侨新村对面。该片区有中共福建临时省委旧址、叶道渊故居、林氏宗祠（比干庙）及汪春源故居等重要文物。目前，钟法路是漳州老城区一条重要的交通干道，与江滨路衔接紧密。西入口设置于此，旅客可达性较高。建议在入口处开辟广场，新增港湾式停靠站、大巴停车场、地下停车场、游客中心等旅游服务设施。并在入口处加建跨越钟法路的过街天桥，加强古城与华侨新村片区的联系，使整个西入口起到重要的导向性作用。

另外，应对振成巷两侧建筑立面进行整治修缮，形成完整连续的古街界面。同时，抓紧启动国家级文保单位林氏宗祠（比干庙）、省级文保省委临时旧址、涉台文物汪春源故居等历史文化资源的保护修缮，与西入口一起形成完整的古城文化片区。古城西入口规划如图 6-13 所示。

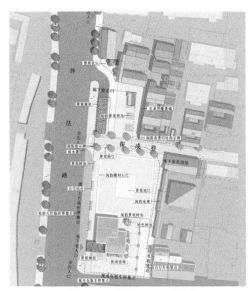

图 6-13 古城西入口规划

二、示范街整改

（一）修文路

修文路在漳州古城的"枕三台，襟两河"、"九街十三巷"等古城格局风貌和"以河代城，以桥代门"的建城型制中起着至关重要的作用。在漳州历史文化名城格局中，修文路具有不可或缺的独特地位。修文路的雏形在唐朝中叶已经具备，与漳州古城的建设基本同步，历史可谓悠久。街道连接着北京路、延安南路、香港路、青年路等古城各大重要古街巷。古街东西横贯以城壕为界的城内，是古城的核心地带。存留下来的庙宇、桥亭、名人故居、宗祠等古迹和遗址，作为历史见证，最集中地表现了漳州历史文化名城的千年古貌。

修文路沿街建筑大多为二至三层的底商上宅的形式，内部亦为多层的住宅，甚至还有深宅大院式的"大厝"。现有建筑大多建于清末民初，夹杂着现代部分建筑，修文路两侧建筑质量较差，现代建筑对传统建筑的冲击较严重。在现存的传统建筑中，木结构、木墙面的建筑较多，砖石墙面也有一些，中西结合的近代建筑亦存在，但为数不多。修文路及两侧街巷组团是未来古城生活方式的街区型开放博物馆，应以公共基础环境营造、重点示范打造和社区营造等方式，复兴民俗文化，活化生活方式。

修文路的整治修缮应尽量保持历史遗存的原物，保护历史信息的真实载体，重点突出整体风貌特色的保护；拆除破坏历史风貌的建（构）筑物，恢复原有街巷院落结构体系；在保护沿街历史风貌的同时，酌情改造建筑的平面布局；彻底改造街区市政基础设施，提高防灾抗灾能力；恢复文物保护单位及历史建筑的周边历史空间，努力为居民和游客提供休闲活动场地；调整部分建筑的使用功能，适当扩大街区特色经营的场地，鼓励经营反映街区文化内涵的特色餐饮、特色产品、特色旅馆、特色展馆等，丰富街区的文化气氛。

（二）北京路

1. 北京路历史研究

北京路位于漳州古城核心区东侧，是漳州古城内一条南北向的重要商业街道。民国以前，现北京路大致分为六段，自南向北为东闸口、下营街、少司徒街、市仔头街、十字街、渔头庙街。民国七年，陈炯明入漳州后对原有街道拓宽取直，将道路合并称为"永靖路"（后又分为南路、中路、北路三段），民国十六年改称"中正路"，1949年后改为北京路。

北京路六段古街中东闸口位于博爱道以南，渔头庙街位于太古路以北，除现代城市建成区以外，其余部分均位于古城的建设控制地带内。少司徒街、市仔头街等四段街道曾经集中了漳州最重要的娱乐休闲业态。东宋河东侧有丰富的温泉资源，从宋代开始就已有人在此建立浴池，北京路民国时此地有大池10余家，个人池100个左右，其中不乏由军阀和大士绅所创建。陈炯明在漳州推行新生活运动后，在北京路创办了"迎宾大旅社"，从民国初年到20世纪40年代北京路集中了众多的旅馆、茶楼、酒楼甚至烟馆、棋牌室和妓院，尤其在市仔头街一段形成了"灯红酒绿不夜天"的场面。根据地方文献记载，民国时期，北京路至少集中了黄金大戏院、百星影院等三四家影剧院。

1949年至改革开放初期，北京路仍然是漳州重要的商业街之一。随着时代的发展，北京路和古城内其他街道一样，越来越凸显基础设施落后、业态退化等问题，成为漳州旧城区内脏乱差的低端生活区。

2. 北京路资源和现状分析

目前北京路沿线建筑以居住为主，绝大部分沿街建筑为近代骑楼，多数立面保存尚好，但内部年久失修，很多建筑仅保留了沿街立面，后进建筑被改造。北京路的几条背街小巷内集中了大量的搭建建筑，形象丑陋、隐患丛生。但是北京路区块相对独立，特色明显，至少有二类资源可以利用：

（1）漳州是国内为数不多的在市区范围内有温泉资源的城市之一。根据调查，漳州的温泉资源主要集中在北京路两侧，地块范围内均为适宜开采区。近年来，北京路由温泉资源所形成的娱乐休闲业态随着街区的老化逐渐退化，目前大致有三家（包括工人疗养院）仍经营温泉产业，其他传统优势业态均已消失，多数店铺变成纯住宅，只有日用品、食品、中草药、小餐饮等类型的店铺零星分布，仅存的温泉经营也以中低端定位为主。

（2）丰富的历史建筑。北京路现存建筑主要建设于民国时期，总体保存完整，留存量大，相对其他街区风格较为多样。街区内保存有 90~92 号这样院落完整的传统中式大厝；有 78 号、145~149 号、179 号等带有明显西式立面风格的沿街建筑；有 150 号、172 号等 1949 年后建设的时代风格显著的建筑。同时在北京路北段保留有铭德里、树德里等组团关系明确、立面较统一的民居建筑群，对将来的保护与整体利用十分有利。

（3）东宋河。北京路西临东宋河，随着东桥亭节点梳理和澎湖路景观绿化带的形成，也成为北京路重要的景观资源，为北京路区域的改造和整治提供了较好的先天条件。

3. 整治思路

在业态上，北京路沿线、东宋河沿线以地热温泉资源为卖点，着重开发温泉度假酒店、温泉民宿、温泉特色餐饮等业态。

（1）根据现存肌理，清除违章搭建，梳理建筑和院落的关系，整合空间。对风貌较差的建筑进行更新或拆除，使街区内空间更为丰富和清晰。同时在建筑梳理的过程中，根据肌理使若干组建筑形成一个组团，适当增加现代元素，便于业态更新后的再利用。

（2）在拆除部分风貌较差的建筑时，留出北京路街道与东宋河的视线通廊，使东宋河景观带得以渗透，在东宋河的部分位置增设桥梁，连接北京路与澎湖路。同时在沿河部分增加绿化和场地，尤其是东桥亭东侧，配合东桥亭节点的形成，增加绿化带和沿河景观道路，与对岸绿带相呼应。

（3）北京路北段（太古路—台湾路）根据交通需要拓宽，道路东侧建筑需要重建补形。新建建筑仍延续北京路近代骑楼风格，设计为两层、两进，形象上以现存建筑为参考，采用钢筋混凝土提高空间利用率，同时在古城与新城之间形成过渡。

（4）北京路北段西侧与延安南路之间的二十八亩场地保留延安南路、台湾路、北京路沿街立面风貌较佳的建筑，改造为温泉宾馆，主入口设在场地东北侧（太古路与北京路交叉口），地面建筑以漳州传统建筑形象为蓝本，局部穿插现代元素，地下设置停车场。

（三）延安南路

1. 延安南路历史研究

目前延安南路北起中山公园东门，南至防洪堤，被太古桥路、芳华横路（西侧单面相交）、台湾路、修文（东、西）路、博爱道分割成数段。延安南路清代时从北至南为马坪街、断蛙池、陈公巷（博爱道以南部分），民国时期从北至南将路名改定为定威北路、定威南路，后又改为三民路。新中国成立后改称延安南路。

延安南路至少从清代开始就已经是漳州城内最重要的城市轴线和商业街之一，清代时文庙与城隍庙分峙路之东西，其他祠宇、店铺占据了街道大部分的沿街面。1918年陈炯明入漳后，改造街道建筑，延安南路由于其位置的重要性，成为了漳州金融中心。民国时期在此建立了漳州第一家地方银行，银庄公会也设立在此，街道上金铺最多时达100多家。1912~1949年，延安南路上建立过漳州的第一家电话公司、第一家铅印报馆、第一家照相馆等众多第一，同时延安南路也是漳州第一条水泥马路，成为漳州近代化的缩影和见证。

1949年后，延安南路仍是漳州最重要的商业街和主干道之一，也是漳州长途汽车站的所在。1973年随着汽车站北迁，延安南路的中心交通地位逐渐下降，但至少在改革开放初期，这里还是漳州主要的商业街道之一。随着时代的发展，与古城内其他街道一样，延安南路沿线越来越凸显基础设施落后、业态退化等问题，大量店铺改为住宅，成为漳州旧城区逐渐被边缘化的低端商业、生活区。

2. 延安南路现状和问题分析

目前延安南路虽然繁华不再，但其主要建筑物建于民国时期，其间穿插着各个时代的建筑物，时代特征明显，风格各异。除了较为统一的民国骑楼之外，尚有位于路中段的中国民有银行旧址、延安饭店和汽车新村等，这些建筑均建于20世纪50~80年代，经过统一的规划和设计，具有一定的美感。其中，汽车新村为20世纪漳州汽车站相关遗迹，建筑大多为石基砖墙，大量采用本地传统花岗岩和混凝土预制窗花，地域风格和时代特征显著，且建筑质量高，具有较高的保留价值和再利用可能。

3. 延安南路目前主要面临两大问题

（1）业态的退化，亟待修复和激活。延安南路现状业态在修文路交叉口以北主要以中低档服装销售为主，以南则以电动车、摩托车销售为主，间有日用品、家电维修、低档旅馆、茶叶店，而更多的店面则改为了住宅，使其商业价值不能得到彰显。因此，必须对延安南路的空间和业态进行重新整合，使之焕发新的活力，成为推动古城整体复兴的重要支柱。

（2）交通需求和古城保护的矛盾。延安南路位于古城核心区东部，历来是区域内南北向交通的主要承担者，目前延安南路虽可双向通车，但显得狭窄、拥挤，高峰时完全无法满足需求。虽然市相关部门曾经数次考虑拓宽延安南路，但最终都因古城保护的呼声而放弃，成为区内交通的死结。因此，在保护延安南路双面街的同时，必须有一条道路承担古城核心区东部南北向的主要交通任务。

（3）整治思路。延安南路区块位于古城核心保护区，总体规划上根据保留建筑的价值和城市发展的需要开通了与之平行的内街，解决了交通问题。这一重大变化使得延安南路的建筑风貌成为新旧融会结合的焦点。并且在业态上依托延安南路与内街间建筑的改造，打造精品购物一条街。

延安南路西侧为古城的历史街区——龙眼营，东侧南端已经出现现代的住宅小区，北侧为重要的历史节点——文庙，区块内部还有主要为20世纪五六十年代建筑的汽车新村，如何协调这几者之间的关系成为本区块的重点。总体上，延安路以保留恢复历史风貌为主，内街运用现代的建筑形式语言来协调新旧建筑之间的关系，既强调将来使用功能的合理化，也要求削减新建筑对历史街区的不利影响。

三、示范片形成

（一）东宋河两岸片区

现存东宋河河道严重污染。在以往的水系保护中，只重视防洪排涝等工程问题，河道整治内容单一，对水文化重视不够，使得"千河一面"，河道特色难以体现。道路和建筑紧邻水岸建设，居住建筑占岸线长，没有形成连续的滨河慢行交通系统，滨水开敞性和可达性低，资源共享性不足。

东宋河作为漳州古城内少有的带状水系，应重视"水文化"的挖掘。东宋河两岸的街巷院落空间特征反映居民长久以来的生活文化习惯。应在不改变当地生活习惯和原有氛围的前提下，将肌理和空间梳理成更加适宜生活和游览的片区，保留历史风貌较好的建筑、修缮具有历史价值的破败建筑、拆除或重建违章搭盖的建筑。片区内历史文化遗存众多，具有极高的价值。通过对历史文化资源的深度挖掘，以及历史建筑再利用、传统业态升级、新兴业态植入等方式培育片区的"种子"，基于种子的分布情况来组织规划，以种子的萌发促发周围街巷以及街区的生长与更新，从而在点、线、面三个不同层次上实现整个片区的活化与发展。

通过滨水沿岸建筑和景观整治，形成东宋河滨水休闲景观带。改造市政基础设施，治理污水排放，改善东宋河水质；东宋河两侧建筑多为不协调建筑，建议保留风貌保存较为完整的传统建筑，保护河道两侧古树及古桥旧址；通过建筑的拆除更新整治，形成进退有序的滨水建筑景观界面，结合城市绿道，建设滨水步道；调整业态，布置适量休闲性商业设施和休憩设施，成为以街区风貌为特色的休闲空间。

（1）在水系治理方面，实施内河引水工程，通过引入九龙江的水，冲洗东宋河，净化水质，保证水位。

（2）在沿岸历史要素保护方面，保护好桥亭、古榕树、水闸口等护城河节点，特别是应修缮东桥亭，结合桥亭开辟文化活动广场。

（3）在沿河交通方面，结合滨水两侧用地改造，形成不小于 4 米的沿水道路。具体道路线型可根据建筑形态需要做具体调整。将道路与绿道相结合，组织滨河慢行系统。增加垂直于东宋河的通道组织步行交通，增强滨河可达性。

（4）在滨水景观方面，充分利用有限空间设置滨水绿化带，与城市"绿道"建设相结合，融合沿岸建筑景观，塑造东宋河古色古香的滨水景观带。

（5）在滨水开发模式方面，建议在滨水破败的居住建筑拆除后，秉承"露水、透绿"原则，采用绿地与小酒吧商业用地间插的形式开发滨水区。增加绿化活动空间和公共功能，以温泉休闲、咖啡茶座等公共活动为主，体验"老街情、慢生活"，提升滨水区活力。

（二）中山公园片区

1. 历史研究

中山公园历史上是漳州府衙的位置所在。1918年，漳州成为"闽南护法区"首府，护法军到漳州筹建公园，因城中心府署场地空旷开阔、古木参天，东有花园、小山岗，北有晶园、森园、七星池，自然条件优越，最终在城中心府署建"第一公园"，公园总占地42亩。"第一公园"建设时将原来府署的第一进和第二进改建为"阅书报室"、"图书馆"，图书馆东面立有两米多高的公园纪念碑，碑文为陈炯明撰写的《漳州公园记》。

南面设有正门，东大门内还设有"闽南护法区纪念碑"。1920年8月张毅踞漳州时，利用拆寺庙时的六根龙柱在府署前的古榕树下建"龙柱亭"，亭中立石碑。1926年8月何应钦攻克漳州，废"龙柱亭"石碑，另立孙中山的《建国大纲》碑，废《漳州公园记》碑亭，改为"中山纪念亭"，另立碑文。改"第一公园"为"中山公园"。

2. 现状分析

现今中山公园整体格局和景观风貌发生了变化。从一个模仿西式园林的近代公园转变为以市民休闲娱乐为主的城市绿地。原图书馆轴线上，始兴北路被拓宽后在道路两侧设置树池，种植绿色植物，沿街骑楼近期虽然已经修复，但门前绿化过度，严重影响骑楼的景观。靠近芳华横路的位置近年重新立大门，但位置不是大门原址，门西侧还建有电影公司宿舍楼，公园入口空间的序列和景观被完全破坏。现存图书馆有三进不同时期的建筑，第一进建筑建于20世纪50年代，第二进图书馆老建筑基本保留原样，第三进为三层的现代建筑，三幢建筑间距不足，形式也不协调，庆幸的是图书馆基本保持总体原来位置，中轴线上的序列关系尚可考证。但包括音乐亭、梅岗亭、中山纪念台在内的许多历史信息都已被破坏。中山公园作为漳州民国时期重要的历史遗迹，没有发挥其在历史、文化、教育、宣传等方面的作用，现有的使用形态弱化了它的意义和价值。

3.总体思路

中山公园承载着漳州地方的历史文化和群体记忆，应设计恢复、强化中山公园内民国的纪念要素，改造、利用民国图书馆，作为集中展示漳州近代历史和地域特色的博物馆，并通过局部空间和绿化的调整，着力烘托民国氛围和闽南特色。

根据 1921 年公园规划图纸确定正南门位置和场地关系，根据历史照片信息在原址恢复正南门公园围墙及场地铺装。结合场地现状，铺装采用条形老石板。拆除南门西侧宿舍楼，恢复围墙和绿化，使得轴线关系更加清晰。恢复龙柱亭环甬的铺装及西式矮墙。清洗亭柱上的真石漆，恢复石材面。复原图书馆入口的场地关系，补种甬道两侧的植被，强化轴线关系。恢复图书馆东侧原有西式花园。在七星池南面场地考古发掘府衙遗址。

将现存前两进建筑通过整合改造作为展示漳州古城历史及闽南地区民国建筑风貌的博物馆。建筑使用功能的延续和更新必然带来对原有建筑的突破。在府衙院墙内增设门厅以增加场馆的使用空间，打通第一进 20 世纪 50 年代建筑和第二进老建筑的空间，使其得到更好的利用，在条件允许的情况下对第三进现代建筑进行改造，纳入整个博物馆使用。

（三）文庙府学片区

1.历史研究

漳州文庙始建于北宋，一直是漳州子城内核心区域的组成部分，经东桥亭到文庙、府学，再向北至府衙的路线一直延续至今。历史上的文庙包括文庙和府学，从清光绪《漳州府志》的府学舆图（见图 6-14）上可以看到文庙、府学两路

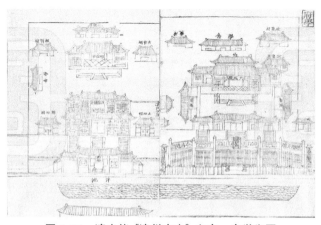

图 6-14　清光绪《漳州府志》文庙、府学舆图

建筑明晰的轴线和规整的格局，最具特色的是，泮池位于两路建筑大门外隔街南侧，且为两路建筑所共用。保留至今的文庙也是全国重点文物保护单位。

2. 现状分析

目前，文庙格局基本保存完整，戟门、大成殿、两庑建筑保存较好，府学建筑皆无存，其用地现为西桥中心小学，而街南侧的龙眼营街巷建筑肌理是在泮池湮没以后形成的。所以现在文庙地块的完整性较历史上大为削弱，现存的文庙建筑被包围在周边居民区中，整个地块在古城中的文化核心地位没有得到体现。

3. 总体思路

在对地块内现有建筑进行综合评价的基础上，整治不符合传统风貌、肌理的部分，恢复府学和泮池，并考虑保留各历史时期最具价值的历史信息，彰显文庙地块在古城中的核心地位，使其历史文化内涵得到更好的保护和体现。

府学的恢复不是机械地复原历史格局，而是依据周边现状，协调与东侧文庙、南侧修文西路以及北侧台湾路、西侧始兴南路沿街建筑的关系，布局上遵循单一轴线、多进院落的特点，突出明伦堂、乡贤祠、名宦祠等府学的传统构成要素。建筑风貌整体上按照当地明清时期祠庙建筑特点，而在门窗、室内装修等细部引入现代材料和做法，在传统殿堂之间局部加入现代的建筑体量作为连接，扩大使用空间，既与文庙风貌相协调，又满足现代文化活动使用的需要。

利用龙眼营区域东北部的两个工厂宿舍区用地恢复泮池，范围大致为修文西路上"德配天地"、"道观古今"牌坊之间。泮池及其周围场地环境的布局强调与文庙轴线的关系，弱化修文西路、龙眼营两条道路的交叉口，使修文西路南北两侧的区域形成整体。整治后的文庙地块集保护、展示、文化活动于一体，将成为古城内的核心文化景观节点。

第五节　古城旅游策划

一、市场分析与定位

（一）市场特征

以厦泉漳为核心的闽南金三角地区的旅游市场具有以下特征和趋势：①追求更高质量、更高层次的精神享受成为首要的选择；②出游方式主要以家庭出游、伙伴出游和自驾车出游为主；③旅游群体更多地崇尚返璞归真、贴近真实的旅游目的地，怀古恋旧成为时尚；④主题性旅游、参与性旅游、体验性旅游备受青睐；⑤国内旅游、中短途旅游占据绝对优势。

（二）市场细分

一级客源，闽南金三角区内客源，这是最基本的市场。厦门、泉州、漳州三地总人口 1666 万人。随着海峡西岸经济区建设的不断推进，三地人民生活水平不断提高，周末出游人数会普遍上升，只要很好地引导，并构筑无障碍旅游圈，区内互动游将潜力无限。

二级客源，包括福建其他地市（福州、莆田、宁德、龙岩、三明、南平）和闽粤赣边区 13 城市协作区其他地市（广东的汕头、潮州、揭阳、汕尾、梅州和江西的赣州、抚州、鹰潭），以及中国台湾、中国香港、中国澳门、东南亚等市场，将形成约 1 亿人口的二级客源市场。漳州是我国重点侨乡和台胞的主要祖籍地，共有海外华侨、华人和台港澳同胞约 1100 万人。众多的华人华侨和台港澳同胞回乡寻根祭祖、探亲访友、贸易投资、观光览胜，将给漳州古城提供稳定而巨大的境外客源市场。

三级客源，主要指珠三角、长三角、环渤海等沿海发达地区的旅游客源市场。珠三角、长三角、环渤海地区是我国最大的客源市场，随着漳州古城环境、产业、影响力的塑造和提升，具有高端消费能力的三大区域客源将会大大扩展。

（三）市场定位

漳州古城探秘之旅——家庭亲子市场。

侨村宋河浪漫之旅——小资情侣市场。

温泉度假休闲之旅——会议度假市场。

闽南文化体验之旅——大众团队市场。

漳州祖地文化之旅——寻根祭祖市场。

二、旅游形象策划

依据漳州古城的历史文化和现状特点，以"慢生活"、"民国风"为基本形象元素。

（一）慢生活：有说头、有看头、有玩头的慢生活

采用"TALKING—WALKING—LOOKING"（说头—玩头—看头）的 3KING 模式构筑文化旅游综合体。和谐融入富有活力的新型业态，运用"自然康复"疗法，以点（各文化节点、文保单位）活线（历史街区），以线带面（商业业态人气新空间），推动古城有机更新发展。

（二）民国风：很历史、很时尚、很休闲、很小资的场景感

从建筑、街巷格局、业态和氛围营造上重点突出漳州古城的民国风，借助原有的历史文化遗迹和新注入的活力业态，将民国时期极具历史感的时尚、休闲、小资充分展现出来。

三、旅游空间总体结构

（一）旅游空间结构

遵循空间结构的规划原则，根据漳州古城街巷地形、地物条件和资源现状，充分考虑功能完善和旅游发展需要，形成"一核、一环、两翼、四片"的总体格局（见图 6-15）。

一核：依托中山公园、文庙等历史文化积淀深厚的节点和香港路、台湾路历史街区组成古城的核心区。

一环：以东宋河景观带为核心，南侧设置城墙遗址绿化带，北侧新华西路绿化带连接中山公园与西宋河，形成古城核心区与周边新城区的视线过渡。

两翼：以侨村和北京路作为产业升级的两翼，依托温泉资源和侨村的环境发展温泉度假酒店和休闲产业。

四片：青年路、龙眼营、芳华里、延安南路四处生活片区居民众多，建筑情

图 6-15　古城旅游空间结构

况复杂，这几处以改善居民环境为主，引导、促进产业升级为辅。

（二）旅游空间功能布局

遵循空间布局的原则，根据漳州古城街巷地形、地物条件和资源现状，充分考虑功能完善和旅游发展需要，划分成七个旅游功能片区（见表 6-10）。

表 6-10　旅游功能片区

温泉度假商务区	以地热温泉资源为卖点，着重开发温泉度假酒店、温泉民宿、温泉特色餐饮等业态
高端休闲时尚区	结合古城西部已出现的茶点、特色餐饮、咖啡厅等现代业态，发展现代休闲娱乐功能
精品商业购物区	打造精品购物一条街
文化风情核心区	对传统业态进行整合提升，发展文化、传统工艺、特色中药、传统艺术等内容
旅游纪念品展示区	增加旅游纪念品与传统文化用品的展销
民俗民居体验区	利用自用住宅空闲房间，结合当地人文、自然景观、生态，提供旅客住宿处所，让旅客体验古城风情，感受民宿主人的热情与服务
创意文化产业区	引进创意产业、艺术家工作室等居住、创业结合的 LOFT 模式，形成富有古城艺术风情的宜居创业区，并丰富街区业态，提升街区文化品质

四、旅游产品策划

（一）舌尖上的漳州

漳州美食文化深厚，潮州菜、闽南菜乃至台湾菜系均出自漳州，可以说美食是漳州一直缺乏挖掘的强势资源。将历史、文化和地域风情融入漳州美食，通过不同街区、不同美食节点的设立，形成美食主题游线。游客可以在搜寻美食的过程中游览文化节点，体验民俗风情，更可以通过盖章收集的方式推动"点串线"的旅游。

（二）影视娱乐旅游场景地

民国风、红砖、闽南特色是漳州古城最直接的视觉形象，应对古城的业态风格、街巷格局、建筑等进行梳理、更新，形成具有鲜明时代特征的游憩空间。在旅游淡季时，可以通过邀请剧组等手段，打造漳州民国时代影视娱乐场景地，补充产业缺陷，刺激旅游市场追星消费点，使漳州在淡旺季均立于不败之地。

（三）漳州温泉古城品牌的打造

仅有核心和人气，最多只能让游客支撑一日游或半日游，且未来发展形成产业后，仅靠观光难以真正形成旅游产品以留住多数游客。从联合国国际旅游组织公布的数据来看，全世界所有的旅游城市，只要有夜游，只要游客过夜，其旅游消费率均高出半日游、一日游近 80%。同时，良好的配套环境才是真正让游客愿意留下来的根本。要充分利用漳州古城稀有的温泉资源，打造独具特色的北京路特色温泉民宿、温泉旅舍以及东入口大型温泉宾馆。

五、旅游交通组织

未来的漳州古城是一个开放型的旅游休闲景区，除了满足团队游需求的固定线路外，还应更多考虑特殊小团队、自驾游散客、休闲游的家庭（见图 6-16）。

图 6-16 古城旅游线路

（一）精品游线

中山公园—中心展馆—闽南民居—木偶剧场—香港路牌坊—通元庙—文庙—延安南路—旅游服务中心。以精品展示为主，在最短的时间内，将漳州古城最好的内容展示给游客。

（二）团队游线

中山公园—延安南路—台湾路—文化展馆—非遗传统工艺体验—特色风味餐饮—木偶戏—旅游服务中心。以粗放观光为主，快速体验漳州古城的历史文化、民国风情和传统特色，将漳州古城的印象深深留在游客心中。

（三）生态休闲游线

以漳州的民国风情、台海亲缘为依托，重现漳州古城往日繁华，打造文化体验、感受休闲的生态休闲游线。

六、业态更新植入分析

（一）商业集中发展的可塑性——老业态，新发展

由青年路、博爱路、延安南路及中山公园环绕的核心历史街区内，以始兴路、台湾路、香港路、延安南路为核心，现保存着大量具有浓厚地方文化的传统业态，包含多个知名老字号如百年老店天益寿，从景观风貌与建筑空间来看，较为符合漳州城市文化底蕴，但难以开展大规模的调整与变迁，应在现有的基础上，进行业态梳理与扶持指导，形成漳州老业态的集中展示街区。

（二）品牌商业发展的可塑性——传统文化，现代品牌

由青年路、博爱路、延安南路及中山公园环绕的核心历史街区内，以核心商业街区为中心，向青年路南段、博爱路、龙眼营、芳华西路、延安北路等区域延伸辐射。整合现有街区业态与建筑空间，以品牌进驻的方式进行业态建设。同时，整合漳州传统文化，打造专属文化品牌区，借助品牌平台提升知名度与品质层次。

（三）新兴商业发展的可塑性——新业态优胜劣汰

以东宋河沿线与北京路沿线至太古桥段为核心，由于历史原因，沿河保存了大量传统业态基础，有着浓郁的漳州文化特色。对现有街区、居住区进行背街小巷整治与改造，营建适合业态发展的环境空间，通过业态进驻形成自然的集聚空间，再根据业态空间发展的自我提升趋势，进行相关风貌的河道、街道环境规划

与标识建设，营造新兴的滨水商业街区，与现代文化和传统文化共融的历史街区形成呼应。

（四）商业服务发展的可塑性——都市休闲

以侨村为主体，围绕侨村内部及钟法路展开业态内容建设，将古城内部分的现代服务行业进行迁移，与侨村区域现有的业态相融合，加入现代都市休闲元素，形成城市现代休闲服务区。与古城内部深厚的传统文化互动补充，对新城建设与发展起到现代化的衔接作用。主要满足生活娱乐、时尚休闲、现代商业服务等需求。

七、业态细分

业态发展是动态变化的，从初级起步到业态成熟，都会有若干阶段，建议控制一定业态的基本比例。以特色风情餐饮（30%）、文化娱乐体验（35%）业态为主，以旅游购物（10%）、时尚小资休闲（10%）业态为辅，搭配少量的休闲居住（5%）业态和其他相关业态（约10%）。表6-11为业态细分建议。

表6-11　业态细分建议

游客服务中心	承担旅游服务、旅游咨询及票务等功能
入口广场	提供旅游集散、古城视觉形象传达等功能
高档餐饮	引进高端主力品牌，与地方菜结合，形成高端餐饮业态
美食小吃街	汇聚漳州各地特色小吃及风味菜肴，形成乡土味、老字号美食一条街
庙会集市	展现传统庙会节事场景，形成漳州传统商业活动的展示区
书画、古玩	开展地方名家书画展示、漳州古玩书画交流等活动
传统业态	恢复漳州传统老业态，百工百业
咖啡、酒吧、茶室	将现代休闲融入历史文化中，形成具有民国风情的时尚小资业态
民宿	鼓励开设类似鼓浪屿的别墅式民宿，形成不同主题的休闲居住业态
传统手工艺	将漳州传统手工艺进行真人制作展示，并附带经营，形成特色商业业态
温泉民宿	形成大众休闲、文化体验的中档温泉民宿
温泉酒店	建设高端、高品质的沿河水景温泉度假酒店
温泉会议及餐饮	结合酒店会议、商务洽谈、时尚餐饮等功能打造高端商务业态
温泉疗养	结合温泉理疗、温泉养生形成独特的温泉理疗业态

八、传统业态有机更新策划

（1）老发廊：通过立面改造、内部装修等手段，恢复老发廊的经典传统，展现漳州人的才华手艺。

（2）老钱庄：通过博物馆与商业经营结合的模式，恢复老字号钱庄，重现漳州昔日辉煌。

（3）老酒馆：以立面改造和整治、员工服装调整等手段，恢复老酒馆原有的样式形态，展现安逸洒脱的漳州城市生活。

（4）老药店：以天益寿为原型，通过药馆改造、内部装修等手段，恢复老药店的品质传承，展现漳州博大精深的中医文化内涵。

（5）老糖铺：通过扩大宣传漳州麻薯手艺和漳州知名的糕点老师傅，号召年轻人前来学习，并重新装修店铺。

（6）老油坊：以老店新开、手艺展示等手段，恢复老油坊的招牌名声。

（7）老当铺：通过立面改造、内部装修等手段，恢复老当铺的经典传统，展现活着的商贸文化。

（8）老木行：结合箍桶、茶漆、框裱等传统工艺，通过综合展示和技艺传授等方法，恢复木行的工艺精品店。

（9）老相馆：通过民国、南洋风格的露天电影放映、游客快照、邀请爱好者拍摄等活动，恢复老相馆的往日荣耀。

第七章

漳州古城保护与开发保障措施

历史是不可再生的，是无价之宝，也是脆弱的，需要我们去呵护。它们在时间的风雨剥蚀中寻求完整，它们在现代人的生活活动中渴求保持真我，它们渴望被人理解，需要人们去观赏它，发挥自身的价值。近几年，漳州市依托历史文化资源，大力围绕"闽南风、漳州味"主题，加快古城基础设施、环境风貌建设，提升古城文化品位和改善人居环境，取得了一定成效。但是从长远来看，还需建立一套完整健全的长效机制来保障漳州古城的有序保护和开发。

根据国内外古城保护与开发的经验，并结合漳州古城的实际情况，本章从技术保障、法制保障、机制保障、社会保障、经济保障五个方面对漳州古城的保护与开发进行探索。

第一节　技术保障

古城的保护与开发形式最终都是需要通过物质形态来体现，这就要求有强有力的技术措施来保障物化的准确性和合理性。因此，古城的保护与开发首先需要有科学的、与时俱进的保护理念，需要有详细、深入的规划依据，需要有与经济社会相适应的利用水平和人才依托。

一、更新保护理念

借鉴巴黎、京都、苏州、丽江、平遥等国内外著名古城的保护经验，漳州古城保护与开发应树立正确的理念，进一步探索和创新保护的体制、机制、方法、手段，有效制定科学的保护措施。

一是树立全面整体的保护观念。众所周知，漳州古城的历史价值和意义不仅表现为有形的物质环境，而且表现为拥有极其丰富的无形的非物质人类文化遗产，只有加强物质的和非物质的人类文化遗产的全面保护，才能将一个完整真实、珍贵无价的历史漳州留给后人。所以一定要把老城整体格局、历史地段、文物古迹、非物质文化遗产等纳入保护范畴，统筹保护历史文化资源本体和周边环境，保持特有的名城格局、历史风貌、街巷肌理、空间尺度，实现历史文化资源的"应保尽保、能保则保"。

二是树立动态发展的保护观念。与时代同步发展是历史城市保持永久生命力的基础，其根本原因在于城市不同于一般的文物，它是居民生活的场所，它的存在离不开城市的功能活动，它的结构和形态与人们生产、生活的内容和方式息息相关。因此，必须强化与时俱进的保护观念，探索在发展中保护古城的方法和途径，强调保护前提下的发展和发展基础上的保护，着眼于城市功能的完善和居民生活质量的提高，力求在更高的物质平台上保护和发展漳州古城文化。

三是树立渐进更新的保护观念。渐进更新是指根据城市与建筑空间发展的小尺度、多样性、有机性特征，对古城目前存在的许多复杂问题进行具体细致的分析，在整体统一的原则下，通过多样化、灵活机动的处理方法，渐进式地提升人们的生活环境质量和最大限度地保护古城原有的活力和风貌特色。实践证明，小规模、渐进式、微循环的历史城区更新方式，更容易适应古城错综复杂的社会经济现状，保持并创造城市的多样性，也更容易满足居民的多元需求。

二、深化规划编制

《漳州历史文化名城保护规划（2013~2030)》已经得到福建省政府批准实施，但是对于整个漳州古城的保护来说，还只是一个纲领性、框架性的规划。要做好漳州古城的保护与开发工作，还需要有一系列的深化规划成果，才能更好地指导和控制各个历史地段。下一步，最重要的是应该尽快编制各个历史文化街区、历史文化风貌区以及文物古迹的控制性详规、修建性规划或设计导则。

　　总体规划层面的历史文化名城保护规划和控制性详细规划层面的历史文化街区保护规划，要进一步精简，突出其法定规划特点，只保留作为指导下一层次保护规划、管理、实施的规定性和强制性内容。主要有：①宏观控制措施，如建筑高度控制、道路格局保护、水系山体保护等。②古城保护对象的名单、位置、保护范围、保护措施及建设控制要求。③文物建筑、历史建筑的利用、展示方式、强度，对其所有者或使用者的要求。④可能影响到保护对象的新建设的各项控制指标。⑤惩罚措施。

　　而对于历史文化街区的保护整治、历史建筑的修缮与利用等"设计"、"实施"内容，则应该放到修建性详细规划中，内容可尽量详细，通过多专题研究，充分挖掘文化内涵，同时，更多地考虑实施、管理和今后的持续发展，制定具有可操作性的保护措施。[①]

三、提高利用水平

　　在人类社会中，古城是复杂的有机生命体。古城文化遗产是在历史长河中，生于斯、长于斯的劳动人民创造的灿烂成果，只有与当代社会和谐共融、活态利用，才能焕发出持久的生命力。合理利用是保护的传承漳州古城历史文化遗产的应有之义。为此，漳州古城历史文化街区、历史文化风貌区在遵循保护要求的前提下，应注重传统生活的延续性，并适当植入商业、文化、旅游等功能，提升活力。

　　一要充分利用现有文保设施，将文物资源转化为旅游资源。按照"走进历史，感受人文，体验生活"的思路，文化搭台、经济唱戏，在展示上做足文章，让文物资源在现代生活中找到新用途、赋予新功能，重新焕发生机活力。例如，可以借鉴平遥古城利用传统民居开设民俗客栈、酒肆、茶舍，使人们从中领略传统起居生活形态的做法，将华侨新村别墅建筑改造成旅游度假酒店；把龙眼营等历史地段传统民居、会馆发展成家庭式客栈、青年旅社等；在延安路骑楼等传统建筑中发展茶艺苑、酒吧等服务性产业。

---

　　① 王玲玲. 历史文化名城保护规划的发展与演变研究 [D]. 中国城市规划设计研究院硕士学位论文，2006.

二要实现物质文化遗产和非物质文化遗产的有机结合，展现文化旅游的魅力。物质文化遗产是古城的"体"，非物质文化遗产是古城的"魂"，在有限的空间里只有实现两者的有机结合，才能发挥最大效益。如可以深入挖掘侍王府的历史文化内涵，将太平天国侍王李世贤攻克漳州的历史予以展示，并营造木偶戏、讲古、锦歌表演等雅俗共赏的休憩空间；在古城旅游景点开辟非物质文化遗产展示中心和展示平台，如大鼓凉伞舞、灯谜、木偶表演、水仙花雕刻、漳绣技艺等，吸引游客和市民参与、感受，分享独特的漳州古城文化带来的时空魅力。

三要鼓励有关文艺团体和社会组织深入挖掘具有地域特色的文化遗产的商业价值。将唐宋子城、孔庙、石牌坊、片仔癀、闽南建筑等具有地方特色的文化元素融入城市形象设计、旅游产品设计，注重知识产权保护，拉长产业链，激发市场需求。

四要充分发挥文保设施的文化服务功能。如文庙可作为展示耕读文化、儒家文化、中原文化的平台；中共福建临时省委旧址、闽南工农革命委员会旧址、闽南革命烈士纪念碑可作为红色文化展示及革命教育基地；杨骚故居、叶道渊故居、汪春源故居等位于居民社区内的名人故居，可以结合社区文化建设，将其建成针对不同层次读者的图书馆、阅览室等，为社区居民提供文化服务，也可供游人参观、休息、阅读。

四、推广传统工艺

传统工艺是指采用天然材料制作、具有鲜明的民族风格和地方特色的工艺品种和技艺。传统工艺一般具有百年以上历史以及完整工艺流程，是历史和文化的载体。从事传统工艺领域设计、制作工作的专业人员叫做传统工艺师。当前，漳州传统工艺现状堪忧，有些技艺面临失传，主要是因为工艺复杂、经济效益低下、后继无人等，必须想方设法、多措并举全力挽救，使这些老手艺能够代代传承。

漳州古城要学习丽江对东巴文化、纳西古乐、民间工艺的收集、整理、保护、传承的经验，重点保护与传承八宝印泥、水仙花雕刻、剪纸、木版年画、木偶头雕刻等民间工艺和芗剧、掌上木偶戏、锦歌、南音等民俗文化，促进传统民间工艺、民俗文化的繁荣与发展。

一是从政策上扶持传统手工艺的传承与产业化。一方面，加强对传统工艺的非物质文化立法保护，制定《漳州市传统工艺保护办法》，为传统手工艺的发展提供长期有效的保护措施；另一方面，建立长效机制，加大财政投入，设立民间传统文化保护专项资金，主要用于民间传统文化资源的普查、征集、保护、利用、人才培养及对重要项目和传承人的扶持。同时，积极开拓多种筹资渠道，引导社会资金参与民间艺术的保护、开发和利用，建立国有和民间相结合的多元投入机制。

二是培养民间传统工艺传承人。对濒临失传、又具有重要价值的民间工艺，要采取重点扶持政策，鼓励带徒授艺，使民间工艺后继有人，同时组织人员进行记录、整理，尽快用录像、录音、文字、照片等方式，把民间艺术的资料留存下来；对长期从事优秀民间艺术制作、表演，形成风格、自成流派、有成就者，要给予一定的精神和物质奖励；要做好民间传统工艺的宣传推介工作，引导年轻人学习民间艺术，培养下一代传承人；要创造条件，促使民间艺术进学校、进课堂，在中小学倡导成立兴趣班，建立民间艺术传承、保护、研究的骨干队伍，促进各种民间传统文化的传承与研究。

三是加大宣传推介力度，努力提升传统工艺品知名度。加大对传统工艺的宣传、包装、展示、推介力度，对传统工艺的知名品牌、名优产品在城市主要区域提供无偿广告宣传。漳州市公务礼品优先选用具有漳州地方特色的传统工艺品。同时，通过经常性办展、参评交流等形式，扩大漳州传统工艺品在国内外的影响。

四是增强民间传统工艺的创意。积极推动创意和民间传统工艺深度融合，使民间传统工艺显示更多的创意、展示更多的特色。可以通过举行民间传统工艺从业人员技艺培训、举办民间传统工艺创意大赛、开展各类民间传统工艺交流、组织民间传统工艺者赴外地采风考察等举措，以达到创新发展、开发具有时代特色的产品的目的，提高漳州工艺品的市场竞争力。

五、构筑人才队伍

人才是古城保护与开发利用的第一宝贵资源和财富，只有人才才能把古城保护这项利在当代、功在千秋的工作做好，只有人才才能把资源优势转化为经济优势。目前，漳州古城保护与开发最需要的是考古、遗产保护、城市规划、旅游管理、市场营销与策划等方面的人才。

首先，高薪聘请、吸引优秀人才加盟。建立"人才引进基金"，不惜重金聘用人才，用优厚待遇吸引文物、旅游等专业人员到古城从事保护与开发利用工作。加大人事制度改革力度，完善人才收入分配制度，建立公开、公平、公正的竞争机制，创造促使各类优秀人才脱颖而出的良好社会环境。对吸引到的人才用事业留人、待遇留人、感情留人等方式加以稳定。

其次，提高从业人员的素质。从长远来考虑，为保证古城保护与开发利用的可持续发展，必须培养熟悉当地情况的本土人才。对此，应加强与省内外高等院校和科研机构的合作，或选派优秀从业人员前往高校、培训机构学习专业知识，或直接吸收急需专业的优秀毕业生，或聘请专家、官员授课等，形成古城保护规划、管理、实施、维护与开发等一系列健全的人才结构，提高人才队伍的专业素养与技能水平。

第二节　法制保障

现代社会是法制社会，古城的保护管理离不开法律的引领、规范和支撑。建设完善的法制体系，对于古城保护与开发既是基础，也是保障，把这篇文章做好了，古城保护管理的诸多难题就会迎刃而解。

一、制定名城保护法规

目前，我国有关历史文化名城保护的法律、法规主要有《文物保护法》、《城市规划法》、《历史文化名城保护规划编制要求》、《城市紫线管理办法》等。这些法律都是宏观的、原则性的规定，是制定地方性保护法规的法律基础，是构成名城保护法治系统的重要内容。而每个历史文化名城都有自己的个性与特征，都有当地的经济、文化、习俗等特点，所以各个历史文化名城要根据当地实际情况，制定自己的保护条例。

2015 年 3 月，十二届全国人大三次会议通过《关于修改〈中华人民共和国立法法〉的决定》，完成《立法法》实施 15 年来的首次修改，赋予设区市地方立法权，可针对城乡建设与管理、环境保护、历史文化保护等方面的事项制定地方性法规。2015 年 7 月 18 日，福建省十二届人大常委会第十六次会议表决通过《福建省人大常委会关于漳州等七个设区的市人大及其常委会开始制定地方性法规的决定》，决定漳州等七个设区的市人大及其常委会自决定公布之日起，可以开始制定地方性法规。

漳州要抓住可行使地方立法权这一良好机遇，把古城保护列入优先启动的立法事项，尽快制定和公布有关漳州历史文化名城保护的地方性法规，如《漳州市历史文化名城保护实施条例》《漳州市历史文化街区管理规定》《漳州历史建筑保护办法》等，把古城的整体环境风貌、传统格局、文物古迹、特色街道等将纳入法律保护的范畴，使古城、历史文化街区、历史文化风貌区的保护有章可循。深入研究、制定适合本地实际的有关名城保护与更新的产权管理和交易、人口外迁与疏解、房屋管理与修缮等相关政策，完善激励、制约及责任追究的制度和措施，保证法律法规的权威性和严肃性，使古城保护走上法制化轨道。

二、积极申报文物古迹

保护好古建筑、保护好文物就是保存历史，保存城市的文脉，保存古城的优良传统。要积极推动文物古迹、历史建筑、近现代优秀建筑、传统风貌建筑名录的申报，分期分批公布。抓紧推动杨骚故居、天益寿、闽南革命烈士纪念碑、中山公园纪念亭、龙柱亭、半边石牌坊等文物点申报文物保护单位工作，提升保护层次。依法保护列入名录的历史文化资源，加强事前的保护、事中的监管与事后的处罚，让法律成为文物古迹保护的保障。

三、保证规划法律效力

对各个层次的保护规划要通过一定的法律程序予以批准，并制定相应的技术法规，使规划具有法律效力，增强规划的权威性。同时，完善执法依据，加大执法力度，规范城市建设过程中的开发行为，依法惩治破坏历史文化遗产的行为。可借鉴日本京都经验，制定保护传统环境及自然人文景观的条例，对古城违章建筑、沿街店面招牌广告规范化制作等做出明确规定，对破坏古城传统风貌的行为严管重罚，以刚性措施维护古城风貌。

第三节　机制保障

如果将古城比作一列火车，那与之配套的保护与开发管理机制就是铁轨，它是保证古城保护与开发得以良好、持续发展下去的根本和基础。古城的保护和开发是一个持续的、渐进的、动态的过程，需要不断地更新维护，不断地结合经济、社会、环境要素而变化。如果没有一套行之有效、健全的管理机制，古城保护将不可避免地误入歧途。

一、健全名城管理机构

古城保护不是若干个文物古迹的保护问题，而是一项涉及城市发展方向、战略，涉及规划、文化、旅游、建设、城市管理等诸多部门的系统工程。因此，应由市委市政府主要领导挂帅主管这项工作，设立历史文化名城保护管理委员会，作为名城保护的领导、协调和监督机构，定期听取工作汇报，及时解决工作中遇到的困难和问题。委员会由市委书记、市长担任主任，分管副市长担任副主任，规划、文化、旅游、建设、城市管理等相关部门及芗城区政府作为成员单位，委员会下设办公室，具体负责日常工作。各主要部门在古城保护与开发中承担的主要职责有：

古城办：全面负责古城保护与开发工作，协调、指导市相关部门和芗城区政府做好古城保护的具体工作；研究和制定古城保护、管理和利用的政策措施；组织编制古城保护年度计划和预算，管理和使用古城保护资金；建立古城保护联席会议制度，研究决定古城保护工作中的重要事项，协调相关事项。

规划局：负责历史文化名城以及保护规划的编制、审查、报批和保护监管工作；主管建设项目的选址、建设用地及工程建设规划管理，负责组织建设工程规划竣工验收；做好历史街区、各级文物保护单位周边建筑风貌协调的规划管理。

文化广电新闻出版局：宣传贯彻文物保护的法律、法规和政策，依法开展文物的保护和开发利用工作；督促、指导、检查文物使用单位的文物保护工作；负责对古城非物质文化遗产的普查、保护、抢救和传承普及工作；运用各类传媒和阵地，加强国家级名城和文物保护工作的舆论宣传，形成全社会共同做好名城保护的良好氛围。

财政局：将历史文化名城保护建设经费纳入财政预算，保障名城保护工作经费、规划方案编制费等费用；会同文物行政主管部门积极向国家及省级财政、文物行政主管部门争取历史文化名城保护和建设的各项经费。

旅游局：制定古城旅游产业发展规划和政策，推进建设古城旅游集聚区；负责搜集、整理和发布古城旅游信息，做好旅游经济运行情况分析报告工作；负责对旅游星级饭店、旅行社等旅游企业的行业监管。

建设局：负责古城市政工程、公用事业、环境卫生、城区地下管线的综合管理工作；负责古城建设工程招投标、施工许可、竣工验收的项目协调、监督管理工作；负责古城房地产市场监督管理工作，统一核发房屋所有权证。

城市执法局：负责加强古城区综合执法管理工作，整顿市容秩序，改善古城环境面貌。

国土资源局：在编制土地利用总体规划时，充分考虑古城保护与开发的土地需求，依法予以保障；土地使用权出让涉及文物保护及地下文物埋藏区的，在办理用地审批手续时，应事先征求文物行政主管部门的意见。

工商局：负责管理辖区内工商企业和从事经营活动的单位的注册，并实行监督管理；依法监督市场交易行为、竞争行为，查处垄断、不正当竞争、销售假冒伪劣产品、侵犯消费者权益及其他市场交易违法违章行为，保护经营者、消费者的合法权益。

芗城区政府：大力开展名城保护宣传活动，做好辖区内历史文化街区和文物保护单位的保护管理工作；认真执行历史文化名城保护规划，对历史街区和文物保护单位建控地带内的建筑，按相关规定做好对建筑体量、色彩、风格、高度以及空间的有效控制，确保风貌协调。

这种由高规格的委员会负责古城保护和管理，各相关部门在自身职责范围内协助或监督的行政运作方式，既可以减少行政成本的耗损，也能杜绝多头管理带来的弊端，明确职责范围，形成古城保护工作的合力。

在此基础上，建立健全古城保护与开发考核机制，明确各部门年度保护开发任务并组织考核，在古城片区和街道办事处可取消有关经济指标考核，并将古城保护作为工作考核的重中之重，促使各级领导干部守土有责、守土尽责。

二、建立专家咨询机制

古城保护是一个十分严肃的学术问题，有着自身的规律。古城保护是由专家发起的，同样，在古城保护与发展的过程中也离不开专家的指导和参与，这是科学决策的重要方面。

对于大城市，本身有着良好的文化环境和人才优势，专家参与城市建设、管理是一贯的、经常的、规范的，这些地方的保护与开发也就走在全国前列，如苏州、西安、北京等。但作为中小城市，就没有这样的优势，这无形之中成为一个损失。所以，对于中小城市的古城保护开发更要有强烈的"专家意识"，聘请专家对古城的保护开发建言献策。事实证明，每次专家的综合论证都是对当地古城保护理论与实践的极大促进。没有专家的参与，古城保护与开发就可能走错方向，造成对历史文化遗产的破坏。①

漳州古城保护与开发也要非常重视专家的作用。应有重点、有选择地聘请对漳州古城较为热爱、富有情感的知名专家，形成老中青专家梯队，时刻保障古城保护与开发不会走偏方向。可借鉴苏州的做法，成立漳州古城保护专家咨询委员会，专家咨询委员会主要职责为：充分发挥专家智库作用，运用理论成果，借鉴先进做法，对漳州城市规划、古城保护规划设计、建设管理等重大议题开展咨询论证，发表建设性的意见；定期出具评估报告，总结经验教训，比较抉择方案，提供对策建议，为市委市政府、历史文化名城保护管理委员会科学决策提供依据。

第四节　社会保障

一座古城的保护与开发离不开政府、市场和社会三个关键要素。根据国内外古城保护与开发的经验与教训，纯粹以政府为主的保护和开发模式，经常出现古城发展与市场对接不充分的问题，在更新改造过程中对社会意愿的把握不够准确，导致决策失误、事与愿违。而让公众更充分地参与进来的保护和开发模式，

---

① 刘汉州. 历史文化名城开封的保护与发展研究［D］. 河南大学硕士学位论文，2005.

更具有原生动力和可持续性。

一、加强公众参与

公众参与是指社会群众、社会组织、单位或个人作为主体，在其权利义务范围内有目的的社会行动。在古城保护工作中，公众参与特指社会公众在古城保护开发过程中的意见表达。社会公众在整个过程中具有三种身份：自身利益代表者、参与者和监督者。公众参与从积极的角度来看，一方面，可以起到集思广益的作用，从而有效减少决策失误，使决策更为准确、科学，在实施中也会得到市民的广泛支持而进展顺利；另一方面，市民在参与古城保护开发决策的过程中，自身素质会得到提高，这是古城保护所要努力追求的一个带有战略意义的重要目标。

古城保护中公众参与的程度分为通告、民众调查、分享决策权力、分享鉴定权四个阶段。但我国的公众参与目前大多停留在前两个阶段。在古城保护过程中，很多决策者习惯于将自己的想法凌驾于各种行为主体之上，虽然让公众参与的姿态是摆出了，却没有想让公众真正参与其中。① 因此，在漳州古城保护中，公众参与方式应变被动为积极主动，公众和政府应建立起连续互动的关系，使参与者的意见真正起到作用，公众真正成为决策者。漳州古城保护过程中的公众参与可有以下途径：

一是建立群众性的古城保护组织。建立"漳州市古城保护促进会"，以专业人士、离退休老干部为主体，兼有社会各界自愿参与的人士，作为宣传、研究、交流古城保护经验、政策法规的群众性团体。同时，以唐宋子城、侨村、芝山等历史文化街区（风貌区）为单位，建立居民"保护促进会"，畅通居民参与古城保护与开发的渠道。

二是居民参与保护规划与设计。保护古城最直接的服务对象就是当地居民，政府部门、专业人员要积极吸引广大居民参与调研、规划、实施，提高居民参与的主动性。首先，要建立一套系统、合理的古城保护信息公开制度，这样才能使公众清晰地了解古城保护的进程，从而积极参与其中。同时，还应确立相关的公

---

① 朱文津. 天津市历史文化街区保护研究——以五大道街区为例 [D]. 天津师范大学硕士学位论文，2012.

众利益保护机制，如听证制度，当古城保护中的某个项目损害了大多数人的利益时，公众就可以依据相关的法律法规或政策规章申请听证，听证过后再决定该项目的去留。其次，为了积极引导公众参与古城保护，还可以建立一套系统的奖励机制。

三是鼓励居民投资文化遗产保护。政府要制定优惠政策，建立多元化的文化遗产保护开发投融资机制，广泛吸引社会资金。

四是鼓励居民学习民间文化，弘扬民间艺术。发挥民间爱好者的作用，收集、挖掘、整理和保存与历史文化名城及漳州文化相关的文字史料、实物史料、口述史料，以及流传于民间的故事、传说、民歌、民谣等。开展传统的、多样的群众文化活动，活跃古城文化氛围。

二、强化舆论宣传

国家级历史文化名城是国家授予漳州古城的最高荣誉，是所有城市创建活动中一块含金量最高的"金字招牌"，是对外展示漳州、推介漳州最重要的平台、窗口。针对目前存在的名城意识淡薄、社会氛围不浓的问题，应采取多种形式，利用多种舆论手段，在广大市民中广泛宣传名城保护的意义，普及"历史文化名城漳州"的意识。

一是利用电视台、广播、报纸、网络等主流媒体，通过专题、专栏、专访等形式，叙述漳州的历史，讲述漳州的人文故事；利用各单位及临街电子显示屏、公共汽车、出租车车载显示屏、户外广告栏、广告立柱等，宣传名城保护相关内容；可以在迎宾路、江滨大道等城区主要出城口设置"国家历史文化名城漳州欢迎您"的大型广告牌；可以结合中小学生、机关干部、市民教育的特点，让古城教育进学校、进党校、进社区，努力在全社会营造出一个"知古城、爱古城、护古城"的浓厚氛围，增强古城保护的紧迫感、责任感、荣誉感，实现古城保护方式由"自上而下"的改造向"自下而上"的推动转变。

二是在充分摸清家底的基础上，通过设置典故标识牌、建立名人碑亭、命名老街老巷、开辟民俗文化长廊、恢复传统习俗等方式对无形文化遗产进行有形再现。例如，漳州的道路命名问题，香港路、台湾路、修文路、始兴北路、博爱道、龙眼营等都蕴藏着深厚的文化底蕴，下一步可考虑恢复九街十三巷、马坪街（今延安南路）、马灶路（今水仙大街）等历史路名设置。通过一系列有形的再现，起到潜移默化的作用，提高市民对古城的认知感、荣誉感，使古城保护成为一种自觉的行动。

三是借鉴巴黎、丽江经验，开展组织"文化遗产日"活动。每年确定一个主题，开展参观古城、规划展示、保护成果展示、古城保护开发论坛等系列活动，提高公众对文化遗产保护重要性的认识，动员全社会共同参与、关注和保护文化遗产，营造保护文化遗产的良好氛围。2009年起，国家文物局创设了文化遗产日主场城市活动机制，漳州要创造条件，争取申办成为文化遗产日主场城市，扩大对外影响力。

第五节　经济保障

保护古城是一项高投入的公益性系统工程，必须坚持政府主导、社会参与的原则，多渠道筹资。在对古城进行保护、开发的过程中，地方政府在加大财政投入的同时，应通过制定法规制度、资金补助、贷款贴息、税收优惠等方式来鼓励社会资本积极参与。

一、列入财政预算

古城办应根据分期保护与整治规划，逐年列出名城保护与整治项目，并列入下一年度的政府财政预算中，作为古城保护、管理和建设的专项费用。对于特别重要或意义重大的项目，应申请国家财政给予资金补助。在财政投入上，应根据年度财政收入状况，对古城保护的财政拨款进行动态的调整，并将古城保护财政资金投入的比例法定化，以确保古城基础设施建设、重要文物维修的需要。

二、拓宽资金渠道

借鉴苏州、丽江、平遥市场化筹集古城保护资金的经验，可以从以下几个方面拓宽漳州古城保护资金的来源渠道：

一是设立漳州古城保护基金。鼓励、引导海内外企业、社会团体、个人和基金会参与漳州古城保护与开发工作。基金会属公募基金会，主管单位为漳州市政府，基金会业务范围包括：开展与一切热爱和关心漳州古城保护事业的团体和个人间的联系及合作，募集古城保护资金，资助古城保护项目，以及促进古城保护事业发展的科学研究、科技开发及示范项目等。该保护资金可以作为漳州古城的循环保护基金，为漳州古城提供补助以及低息贷款，也可以为古城保护的宣传和教育提供活动经费。

二是发展古城旅游产业。在确保古城文化遗产安全的前提下，让文化遗产进入市场，并通过专业高效的市场化运作，挖掘出古城文化遗产潜能，反过来借助市场的力量来保护古城，处理好保护和利用的矛盾，使其成为古城保护资金的重要来源。例如，可以充分利用古城丰富的温泉资源，发展温泉养生、温泉运动、温泉会展、温泉餐饮等相关产业，打造具有独特优势的古城温泉旅游品牌。

三是向影视、旅游、餐饮等部门征收一定比例的古城遗产资源税，或以冠名权的形式来拓宽资金渠道。

四是向国际组织和基金会申请援助及政府间长期优惠贷款，如世界文化遗产基金会、世界银行、亚洲开发银行等。

三、完善监督机制

要重视资金的使用、管理，建立健全监督机制，确保资金安全、高效。

一是政府委托专家审核古城保护资金使用计划。其作用是可以为政府提供相关的技术服务，克服政府因古城保护具有较强的专业性而有所不能的难题，从而为政府部门出谋献策，使行政管理和学术研究有效地结合起来。

二是建立政府监督与民间专业性组织监督相结合的古城保护资金使用监督路径。政府可委托古城保护促进会、文物保护协会等民间专业性团体进行资金使用监督，有利于资金的合理规划和使用。

三是人大、政协以及政府审计部门对古城保护资金的具体使用进行事中和事后监督。[①]

---

① 冯振亚. 台儿庄古城法律保护研究 [D]. 兰州大学硕士学位论文，2014.

参 考 文 献

［1］Ahmed A. A. Shetawy, Samah Mohamed Khateeb. The Pyramids Plateau: A Dream Searching for Survival ［J］. Tourism Management, 2009（30）.

［2］Laurie Kroshus Medina. Commoditizing Culture-Tourism and Maya Identity ［J］. Annals of Tourism Research, 2003, 30（2）.

［3］Naciye D. An Analytical Methodology for Revitalization Strategies in Histotic Urban Quarters—A Case Study of the Walled City of North Cyprus ［J］. Cities, 2004, 21（4）.

［4］Whitehand J.W.R.and K.Gu.Extending the Compass of Plan Analysis: A Chinese Exploration ［J］. Urban Morphology, 2007, 11（2）.

［5］Naw af A. H. Abu Skoot, Gong Kai. Exploration and Preservation of Petra ［J］. Journal of South, 2006, 22（2）.

［6］Slater T.R. English Medieval New Towns with Composite Plans: Evidence from the Midlands, 1990.

［7］杨梦丽，王勇.历史街区保护更新的协作机制 ［J］.城市发展研究，2016（6）.

［8］阳建强.基于文化生态及复杂系统的城乡文化遗产保护 ［J］.城市规划，2016（4）.

［9］张琪，张杰.历史城镇的动态维护及管理——《瓦莱塔原则》的启示 ［J］.

城市发展研究，2015（5）.

[10] 赵中枢，胡敏，徐萌.加强城乡聚落体系的整体性保护［J］.城市规划，2016（1）.

[11] 唐鸣镝.历史文化名城旅游协同思考——基于"历史性城镇景观"视角［J］.城市规划，2015（1）.

[12] 单霁翔.新视野丛书——历史文化名城保护［M］.天津：天津大学出版社，2015.

[13] 曹昌智，邱跃.历史文化名城名镇名村和传统村落保护法律法规文件选编［M］.北京：中国建筑工业出版社，2015.

[14] 黄滢.中国最美的古城［M］.武汉：华中科技大学出版社，2016.

[15] 罗超.历史文化名城保护与立法的苏州实践［J］.中国名城，2016（5）.

[16] 张杰.新时期城市遗产保护发展的趋势与任务［J］.中国名城，2016（7）.

[17] 许冰镔.中国古村落保护方式探索［J］.中国商界（下半月），2010（6）.

[18] 谭宏.古镇保护与开发的保障机制［J］.城市问题，2010（10）.

[19] 韦祖庆，陈才佳.黄姚古镇旅游开发现状分析与保护对策［J］.广西社会科学，2009（1）.

[20] 姜龙.川南传统古镇保护与发展研究——以罗城古镇为例［J］.安徽农业科学，2012（5）.

[21] 吴瑕.历史文化名城的保护与旅游开发研究中存在的几个问题［J］.四川工程职业技术学院学报，2008（1）.

[22] 职晓晓.基于旅游扶贫模式的陕西省古镇旅游开发研究［J］.小城镇建设，2009（12）.

[23] 田喜洲.论西部古镇旅游资源及开发［J］.旅游论坛，2009（3）.

[24] Peter Lovell.历史建筑与历史地段的保护方法［J］.国外城市规划，1997（3）.

[25] 余向恒.陕西名村古镇保护与旅游开发研究［D］.西安建筑科技大学硕士学位论文，2011.

[26] 阮仪三，邵甬.精益求精返璞归真——周庄古镇保护规划［J］.城市规划，1999（7）.

［27］徐森. 浅谈古镇保护［J］. 江汉考古，2001（1）.

［28］陈炳钧，乐琦. 古镇保护应注意的几个问题［J］. 江苏城市规划，2009（8）.

［29］仇保兴. 风雨如磐——历史文化名城保护 30 年［M］. 北京：中国建筑工业出版社，2014.

［30］谢东. 漳州历史建筑［M］. 福州：海风出版社，2005.

［31］阮仪三. 我国历史文化名城的保护［J］. 城市发展研究，1996（1）.

［32］周干峙. 城市化和历史文化名城［J］. 城市规划，2002（4）.

［33］马菁. 以文化旅游为导向的历史城镇保护与利用研究［D］. 重庆大学硕士学位论文，2008.

［34］李其荣. 城市规划与历史文化保护［M］. 南京：东南大学出版社，2003.

［35］顾文选. 古城的价值究竟何在［J］. 建筑创作，2003（12）.

［36］张松. 历史文化名城保护制度建设再议［J］. 城市规划，2011（1）.

［37］邵甬，阮仪三. 关于历史文化遗产保护的法制建设——法国历史文化遗产保护制度发展的启示［J］. 城市规划汇刊，2002（3）.

［38］范忠信，胡荣明. 历史文化名城法律保护的立法任务［J］. 法治研究，2012（11）.

［39］刘榆. 历史文化名城保护管治研究［D］. 同济大学硕士学位论文，2006.

［40］李军. 中国历史文化名城保护法律制度研究［D］. 重庆大学硕士学位论文，2005.

［41］贾鸿雁. 中国历史文化名城通论［M］. 南京：东南大学出版社，2007.

［42］王景慧，阮仪三. 中国历史文化名城保护理论与规划［M］. 上海：同济大学出版社，1999.

［43］张松. 历史城市保护学导论——文化遗产和历史环境保护的一种整体性方法［M］. 上海：同济大学出版社，2008.

［44］王玲玲. 历史文化名城保护规划的发展与演变研究［D］. 中国城市规划设计研究院硕士学位论文，2006.

［45］仇保兴. 对历史文化名城名镇名村保护的思考［J］. 中国名城，2010（6）.

［46］杨剑龙. 中国历史文化名城保护的危机与困境 ［J］. 上海师范大学学报（哲学社会科学版），2012（2）.

［47］赵中枢. 中国历史文化名城的特点及保护的若干问题 ［J］. 城市规划，2002（7）.

［48］仇保兴. 中国历史文化名城保护形势、问题及对策 ［J］. 中国名城，2012（12）.

［49］张廷兴. 论历史文化名城的现代化之路 ［J］. 理论学刊，2006（5）.

［50］周岚. 论历史文化名城的"积极保护、整体创造"［J］. 中国名城，2010（3）.

［51］王汁汁. 基于城市可持续发展的城市综合体开发决策研究 ［D］. 重庆大学硕士学位论文，2014.

［52］安定. 西部中小历史文化名城可持续保护的现实困境与对策研究 ［D］. 天津大学博士学位论文，2005.

［53］曹倩. 文化生态学视角下的红色文化生态与研究 ［D］. 遵义医学院硕士学位论文，2014.

［54］许婵. 基于文化生态学的历史文化名城保护研究——以大理古城为例 ［J］. 安徽农业科学，2008（28）.

［55］吴良镛. 北京旧城与菊儿胡同 ［M］. 北京：中国建筑工业出版社，1994.

［56］方可. 当代北京旧城更新：调查·研究·探索 ［M］. 北京：中国工业建筑出版社，2000.

［57］陈晨. 浙江德清张陆湾村的有机更新策略与设计实践 ［D］. 浙江大学硕士学位论文，2015.

［58］李琰. 巴黎历史风貌保护对北京城市建设的借鉴 ［D］. 对外经济贸易大学硕士学位论文，2005.

［59］刘道明. 巴黎的城市保护与更新 ［J］. 安徽建筑，2003（10）.

［60］胡章鸿. 巴黎随想浅议——旧城保护和城市复兴 ［J］. 北京规划建设，2010（4）.

［61］李丽，张芳芳，樊辉. 浅谈巴黎城市历史保护策略 ［J］. 山西建筑，2008（3）.

[62] 赵学彬.巴黎新城规划建设 [J].规划师，2006（11）.

[63] 冯振亚.台儿庄古城法律保护研究 [D].兰州大学硕士学位论文，2014.

[64] 方岩，柴丹彭，李配配.西安与京都古都保护理念的对比研究 [J].城市建筑，2014（30）.

[65] 刘星，许媛.分析京都古城的保护 [J].城市旅游规划，2014（9）.

[66] 陈光明.城市发展与古城保护：以苏州城保护为例 [M].长沙：湖南人民出版社，2010.

[67] 王颖洁，许京怀.对苏州古城保护和发展的思考 [J].苏州铁道师范学院学报，2000（2）.

[68] 王晨.苏州国家历史文化名城保护与发展中的政府作用研究 [D].苏州大学硕士学位论文，2015.

[69] 汪长根，周苏宁，徐自健.现代化进程中的古城保护与复兴——苏州古城保护 30 年调研报告 [J].中国文物科学研究，2013（4）.

[70] 任洁.丽江古城保护及可持续发展——浅谈丽江城市建设中的古城保护 [J].四川建筑，1999（2）.

[71] 和仕勇.依循守旧　护古维新　世界文化遗产可持续发展丽江古城案例 [J].中国长城博物馆，2012（3）.

[72] 程培林.平遥古城的保护措施 [J].百年建筑，2003（Z1）.

[73] 曹阳.历史名城保护与城市建设共赢——漳州市台湾路历史街区整治保护实践探索 [J].福建工程学院学报，2006（1）.

[74] 边宝莲.平遥古城保护与发展的实践和探索 [J].城市发展研究，1998（6）.

[75] 赵琴玲.平遥旅游产业可持续发展研究 [D].山西财经大学硕士学位论文，2005.

[76] 刘汉州.历史文化名城开封的保护与发展研究 [D].河南大学硕士学位论文，2005.

[77] 朱文津.天津市历史文化街区保护研究——以五大道街区为例 [D].天津师范大学硕士学位论文，2012.

[78] 王和贵，汤怀亮.漳州芗城文史资料（第十四辑） [D].政协漳州市芗城区委员会文史资料委员会，2003.

［79］漳州市城乡规划局.漳州历史文化名城保护规划（2013~2030）［R］.
2014（10）.

［80］漳州市城乡规划局.漳州城市总体规划（2012~2030）［R］.2014（10）.

后 记

　　自 1982 年我国建立古城保护体制以来，国务院已批准了 129 处国家级历史文化名城。我国在古城保护方面也取得了明显成效：法律法规体系不断健全、规划的编制与实施日益完善、文化遗产保护意识显著提升。特别是在国家大力推进新型城镇化和文化产业大繁荣的过程中，古城的保护与发展已成为热点、焦点问题，学术界有关古城研究的专著层出不穷，对我国古城保护与开发起到了很好的推动作用。然而，遗憾的是，作为第二批国家级历史文化名城、闽南文化发祥地的漳州古城，并没有得到学术界的足够关注，以漳州古城作为研究主体的专著、论文凤毛麟角。基于此，一种当好漳州古城的守护者、建设者的社会责任感驱使笔者将漳州古城的研究作为研究的选题。本书系统论述了古城保护与开发理论，详细概括了漳州古城历史沿革及特色优势，借鉴国内外知名古城保护与开发经验，最终提出了漳州古城保护与开发总体策略，制定了健全的古城保护与开发保障机制。

　　"十三五"期间，漳州将围绕"田园都市、生态之城"的发展定位，加快建设绿城、水城、历史文化名城，提速新型城镇化建设。在城市化加快推进的过程中，最迫切需要解决的问题就是古城保护与城市发展的关系，古城必须在保护与发展之间综合考量，取得平衡。不能因为发展就忘记了保护，那样古城会在过度商业化和过多仿制品中成为一座"死城"；也不能因为保护就无所作为，那样原住民便无法共享改革与发展的成果，那将是另一种"死城"。本书通过树立正确的保护观和发展观，探索漳州古城保护性开发的思路，为古城可持续发展提供建设性建议，以期为当地政府和相关管理部门提供决策参考，实现漳州古城的全面复兴。

在本书构思和撰写的过程中，有幸得到中国建筑学会民居建筑学术委员会副会长戴志坚教授的悉心指导和关心帮助。戴老师严谨的治学态度、辩证的思维方式和务实的实践观念对笔者的研究写作和为人处世都有很大影响。在本书资料收集、编辑整理的过程中，还得到漳州市城乡规划局名城办杨佳麟主任、总工办周金龙副主任，闽南师范大学江历明教授、林晓伟博士的帮助和支持，在此，一并致以诚挚的谢意！

古城研究是一个涉及历史、地理、城市规划、建筑学、人类学、社会学、景观科学、经济学等诸多学科领域的综合性课题。面对如此复杂庞大的系统课题，笔者由于知识储备不足、研究层面有限，本书所述难免有不全、不妥甚至不实之处，恳请广大读者给予批评指正。

李艺玲

2016 年 8 月